中国南方电网有限责任公司　编

电力作业现场安全基础知识问答

内 容 提 要

本系列书包括《电力作业现场安全基础知识问答》《发变电作业现场安全知识问答》《输电作业现场安全知识问答》《配电作业现场安全知识问答》4 本，本书是《电力作业现场安全基础知识问答》，针对现场作业存在的安全风险，本书以问答的形式，从实用性出发，以保障人身安全的角度，将基本概念、理论知识、组织与技术保障、安全工器具使用、应急处置等几个方面常见概念和问题系统地阐述出来。

本书共分为六章，分别是电力系统基本概念、电力安全生产规定、安全生产理论方法、电力安全保障措施、保障安全的技术措施、安全工器具和生产用具。

本书适合与电力系统现场作业相关的电网企业、厂家、高校等相关人员，以及专门从事电力工程建设、电力设备运行维护的技术、管理人员阅读，也可以作为电力系统现场作业专业入门书籍。

图书在版编目（CIP）数据

电力作业现场安全基础知识问答/中国南方电网有限责任公司编. —北京：中国电力出版社，2022.8 (2023.3重印)
ISBN 978-7-5198-6608-2

Ⅰ. ①电… Ⅱ. ①中… Ⅲ. ①电力工业－安全生产－问题解答 Ⅳ. ①TM08-44

中国版本图书馆 CIP 数据核字（2022）第 045684 号

出版发行：中国电力出版社
地　　址：北京市东城区北京站西街 19 号（邮政编码 100005）
网　　址：http://www.cepp.sgcc.com.cn
责任编辑：王杏芸（010-63412394）
责任校对：黄　蓓　马　宁
装帧设计：赵姗姗
责任印制：杨晓东

印　　刷：北京雁林吉兆印刷有限公司
版　　次：2022 年 8 月第一版
印　　次：2023 年 3 月北京第四次印刷
开　　本：787 毫米×1092 毫米　16 开本
印　　张：10.5
字　　数：231 千字
定　　价：58.00 元

编 写 组

主　　编　龚建平　王科鹏　葛馨远

副 主 编　方亮凯　胡正伟　王　玥

　　　　　黄　维　李仕章

编写人员　徐　奎　肖拴荣　刘　昊

　　　　　张　磊　贾　燕　张　超

　　　　　朱瑞超　陈星霖　张振杰

　　　　　邹　宇　贾黎霞

序

我多年来从事电力系统继电保护工作，将电力系统继电保护、大电网安全稳定控制、特高压交直流输电和柔性交直流输电及保护控制等多个领域作为研究课题，致力于推进我国电力二次设备科技进步和重大电力装备国产化，构建电力系统的安全保护防线。

电力行业的一些领导和专家经常和我探讨如何从源头防控安全风险，从根本消除电网及设备事故隐患，使人、物、环境、管理各要素具有全方位预防和全过程抵御事故的能力。快速可靠的继电保护是电力系统安全的第一道防线，是保护电网安全的最有效的武器，而训练有素的一线员工，是守护电网安全的决定因素，也是作业现场安全的最重要防线。作业现场是风险聚集点和事故频发点，人是其中最活跃、最难控的因素。如何让生产一线员工不断提升安全意识和安全技能，成为想安全、会安全、能安全的人，是需要深入探讨和研究的重要课题。

当我看到南方电网公司组织编写的《电力作业现场安全基础知识问答》《发变电作业现场安全知识问答》《输电作业现场安全知识问答》《配电作业现场安全知识问答》系列书时，和我们思考的如何全面提升电网安全的想法非常契合。该系列书以安全、技术和管理为主线，融合了南方电网公司多年来的安全管理实践成果，涵盖了发变电、输电、配电等专业的作业现场知识，对电力作业现场可能遇到的情形进行了深入细致的分析和解答。期待本系列书的出版能够推动电力现场作业安全管理的提升，更好地为生产一线人员做好现场安全工作提供帮助。

中国工程院院士 沈国荣

前　言

安全生产是电力企业永恒的主题，也是一切工作的前提和基础。从电力生产特点来看，作业现场是关键的安全风险点以及事故多发点，基层员工是最核心的要素，安全意识和安全技能提升是最重要一环。

为提高电力行业相关从业者的安全意识、知识储备和技能水平，规范现场作业的安全行为，推动安全生产管理水平的提升，南方电网公司聚焦作业现场、聚焦一线员工、聚焦基本技能，组织各相关专业有经验的安全生产管理人员和技术人员编写了本系列书。

本系列书共 4 本，分别为《电力作业现场安全基础知识问答》《发变电作业现场安全知识问答》《输电作业现场安全知识问答》《配电作业现场安全知识问答》。编写过程中始终将安全和技术作为主线，内容涵盖了电力基础知识、现场安全基础、各类作业现场场景等，采用一问一答的形式，将相关知识点写得通俗易懂、简明扼要，容易被现场人员接受。

本系列书由南方电网公司安全监管部（应急指挥中心）组织，由龚建平、王科鹏、葛馨远负责整体的构思和组织工作，各分公司、子公司相关专家参与，《电力作业现场安全基础知识问答》作为该系列书的基础专业分册，由方亮凯、王玥负责全书的构思、撰写和统稿工作。本书共六章，其中，第一章主要由黄维编写并统稿，肖拴荣、张超等参与编写；第二章主要由方亮凯编写并统稿，贾燕、陈星霖等参与编写；第三章主要由黄维、胡正伟编写并统稿，刘昊、肖拴荣、张振杰等参与编写；第四章主要由李仕章、徐奎编写并统稿，张磊、朱瑞超、邹宇、贾黎霞等参与编写；第五章主要由王科鹏、胡正伟编写并统稿，徐奎、贾燕、张振杰、贾黎霞等参与编写；第六章主要由胡正伟、方亮凯编写并统稿，张磊、陈星霖、张超、张振杰等参与编写；附录部分主要由胡正伟、刘昊编写并统稿，朱瑞超、张磊、陈星霖、邹宇等参与编写。章彬、马镇威、梁健文对全书进行了审阅，提出了许多宝贵的意见和建议。

本系列书可作为电力作业现场人员的重要安全学习材料和疑问解答知识查询的工具书，也可以作为高等学校的培训教材。期待本系列书的出版能有效帮助各级安全生产人员增强安全意识、增长安全知识和提升安全技能，培育一批安全素质过硬的安全生产队伍，为打造本质安全型企业作出更大的贡献。与此同时，感谢南方电网公司各相关部门和单位对本书编写工作的大力支持和帮助，以及中国电力出版社的大力支持，在此致以最真挚的谢意。

本书在编写过程中，参考了国内外数十位专家、学者的著作，在此向这些作者表示由衷的感谢！鉴于编者水平有限，谬误疏漏之处在所难免，请广大读者和同仁不吝批评和指正。

本书编写组

2022年8月

目 录

第一章 电力系统基本概念

1．什么是电力系统？电力系统有哪些特点？

答：由发电厂内的发电机、电力网内的变压器和输电线路及用户的各种用电设备，按照一定的规律连接而组成的统一整体，称为电力系统，如图 1-1 所示。

电能的生产、变换、输送、分配及使用与其他工业不同，它具有以下特点：

（1）电能不能大量存储；

（2）过渡过程十分短暂；

（3）电能生产与国民经济各部门和人民生活有着极为密切的关系；

（4）电力系统的地区性特点较强。

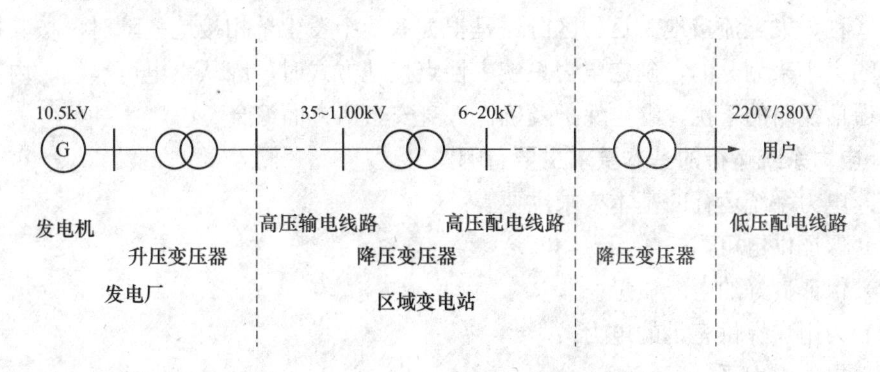

图 1-1 电力系统示意图

2．电力系统的电压等级有哪些？

答：根据《电工术语发电、输电及配电　通用术语》（GB/T 2900.50—2008），电力系统中的电压等级划分：低压、高压、超高压、特高压、高压直流、特高压直流。

低压（LV）：电力系统中 1kV 及以下电压等级；

高压（HV）：电力系统中高于 1kV、低于 330kV 的交流电压等级；

超高压（EHV）：电力系统中 330kV 及以上，并低于 1000kV 的交流电压等级；

特高压（UHV）：电力系统中交流 1000kV 及以上的电压等级；

高压直流（HVDC）：电力系统中直流±800kV 以下的电压等级；

特高压直流（UHVDC）：电力系统中直流±800kV 及以上的电压等级。

3．电力系统接线方式有几种？各有何优缺点？

答：电力系统的接线方式按供电可靠性分为有备用接线方式和无备用接线方式两种。

无备用接线方式是指负荷只能从一条路径获得电能的接线方式。它包括单回路放射式、干线式和链式网络。有备用接线方式是指负荷至少可以从两条路径获得电能的接线方式。它包括双回路的放射式、干线式、链式、环式和两端供电网络。

无备用接线的主要优点在于简单、经济、运行操作方便。主要缺点是供电可靠性差，并且在线路较长时，线路末端电压往往偏低，因此这种接线方式不适用于一级负荷占很大比重的场合。

有备用接线的主要优点在于供电可靠性高，供电电压质量高。双回路的放射式、干线式和链式接线的主要缺点是不够经济；环形网络的主要缺点是运行调度复杂，并且故障时的电压质量差；两端供电网络的主要缺点是：必须有两个或两个以上独立电源，并且各电源与各负荷点的相对位置又决定了这种接线的合理性。

4．什么是电力系统的中性点？电力系统中性点的接地方式有哪些？

答：电力系统的中性点是指星形连接的变压器或发电机的中性点。这些中性点的接地方式涉及系统绝缘水平、通信干扰、接地保护方式、保护整定、电压等级及电力网结构等方面，是一个综合性的复杂问题。

我国电力系统的中性点接地方式主要有4种，即不接地（中性点绝缘）、中性点经消弧线圈接地、中性点直接接地和经电阻接地。前两种接地方式称为小电流接地，后两种接地方式称为大电流接地。这种区分法是根据系统中发生单相接地故障时，按其接地故障电流的大小来划分的。确定电力系统中性点接地方式时，应从供电可靠性、内部过电压、对通信线路的干扰、继电保护及确保人身安全诸方面综合考虑。

5．电力系统运行的基本要求主要有哪些？

答：电力系统运行的基本要求主要有：

（1）保证供电可靠；

（2）保证良好的电能质量；

（3）为用户提供充足的电力；

（4）提高电力系统运行经济性。

6．什么是电力网？其如何分类？

答：由变电站和不同电压等级输电线路组成的网络，称为电力网。

电力网通常按电压等级的高低、供电范围的大小分为地方电力网、区域电力网和超高压远距离输电网。

地方电力网是指电压35kV及以下，供电半径在20～50km以内的电力网。一般企业、工矿和农村乡镇配电网络属于地方电力网。

电压等级在35kV以上、供电半径超过50km、联系较多发电厂的电力网，称为区域电力网，电压等级为110～220kV的网络，就属于这种类型的电力网。

电压等级为330kV及以上的网络，一般是由远距离输电线路连接而成的，通常称为超高压远距离输电网，它的主要任务是把远处发电厂生产的电能输送到负荷中心，同时还联系若干区域电力网形成跨省、跨地区的大型电力系统，如我国的东北电网、华北电网、华东电网、华中电网、西北电网、西南电网和南方电网等网络，就属于这一类型的电力网。

7．什么是配电网？配电网的分类有哪些？

答：配电网是从输电网或地区发电厂接受电能，并通过配电设施就地或逐级配送电能给各类用户的电力网络。配电网主要由相关电压等级的架空线路、电缆线路、变电站、开关站、配电室、箱式变电站、柱上变压器、环网单元等组成。

配电网按电压等级的不同，可分为高压配电网（35～110kV）、中压配电网（6～10kV）和低压配电网（220～380V）；按供电地域特点不同或服务对象不同，可分为城市配电网和农村配电网；按配电线路的不同，可分为架空配电网、电缆配电网和架空电缆混合配电网。

8．常见的配电网典型接线方式有哪些？

答：常见的配电网接线包括：单电源辐射接线、双电源“手拉手”环网接线、多分段多联络、多供一备接线、双射电缆网、对射电缆网和双环网电缆网等接线方式。

9．区域电网互联的意义与作用是什么？

答：区域电网互联的意义与作用是：

（1）可以合理利用能源，加强环境保护，有利于电力工业和社会可持续发展；

（2）可以在更大范围内进行水、火及新能源发电调度，取得更大的经济效益；

（3）可以安装大容量、高效能火电机组、水电机组和核电机组，有利于降低造价，节约能源，加快电力建设速度；

（4）可以利用时差、温差，错开用电高峰，利用各地区用电的非同时性进行负荷调整，减少备用容量和装机容量；

（5）可以在各地区之间互供电力、互为备用，可减少事故备用容量，增强抵御事故能力，提高电网安全水平和供电可靠性；

（6）有利于改善电网频率特性，提高电能质量。

10．什么是电力系统的最大运行方式？

答：电力系统最大运行方式是电网在该方式下运行时，具有最小的短路阻抗值，发生短路后产生的短路电流为最大的一种运行方式。一般根据电网最大运行方式的短路电流值校验所选的电气设备的稳定性。

11．什么是电力系统的最小运行方式？

答：电力系统最小运行方式是电网在该方式下运行时，具有最大的短路阻抗值，发生短路后产生的短路电流为最小的一种运行方式。一般根据电网最小运行方式的短路电流值校验继电保护装置的灵敏度。

12．什么是电力系统的稳定运行？

答：当电力系统受到扰动后，能自动地恢复到原来的运行状态，或者凭借控制设备的作用过渡到新的稳定状态运行，称为电力系统的稳定运行。

13．电力系统稳定共分几类？各类稳定的具体含义是什么？

答：从广义角度来看，电力系统的稳定可分为：

（1）发电机同步运行的稳定问题（根据电力系统所承受的扰动大小和时间的不同，

又可分为静态稳定、暂态稳定、动态稳定三大类)。

(2)电力系统无功不足引起的电压稳定性问题。

(3)电力系统有功功率不足引起的频率稳定性问题。

各类稳定的具体含义是:

(1)发电机同步运行的稳定问题。

1)静态稳定是指电力系统受到小扰动后,不发生非周期性失步,自动恢复到起始运行状态;

2)暂态稳定是指电力系统受到大扰动后,各同步电机保持同步运行并过渡到新的或恢复到原来的稳定运行方式的能力,通常指保持第一、第二摇摆不失步的功角稳定,是电力系统功角稳定的一种形式;

3)动态稳定是指电力系统受到小的或大的扰动后,在自动调节和控制装置的作用下,保持较长过程稳定运行的能力,通常指电力系统受扰后不发生发散性振荡或持续性振荡,是电力系统功角稳定的另一种形式。

(2)电压稳定是指电力系统受到小的或大的扰动后,系统电压能够保持或恢复到允许的范围内,不发生电压失稳的能力。电压失稳可表现为静态失稳、大扰动暂态失稳及大扰动动态失稳或中长期过程失稳。

(3)频率稳定是指电力系统发生有功功率扰动后,系统频率能够保持或恢复到允许的范围内,不发生频率崩溃的能力。

14. 电力系统有哪些大扰动?

答: 电力系统大扰动主要包括:各种短路故障、各种突然断线故障、开关无故障跳闸、非同期并网(包括发电机非同期并列)、大型发电机失磁、大容量负荷突然启停、大容量高压输电系统闭锁等。

15. 电力系统发生大扰动时安全稳定标准是如何划分的?

答: 根据电网结构和故障性质不同,电力系统发生大扰动时的安全稳定标准分为三级:

(1)保持稳定运行和电网的正常供电;

(2)保持稳定运行,但允许损失部分负荷;

(3)当系统不能保持稳定运行时,必须防止系统崩溃,并尽量减少负荷损失。

16. 什么是电压崩溃?

答: 电力系统或电力系统内某一局部,由于无功电源不足,电力系统运行电压等于或者低于临界电压,如扰动使负荷点的电压进一步下降,将使无功功率永远小于无功负荷,从而导致电压不断下降最终到零,这种现象称为电压崩溃,或者叫作电力系统电压失稳。

17. 什么是频率崩溃?

答: 当负载有功功率不断增加,电能供给不平衡、发电机有功功率明显不足,导致电能不断下降,电力系统运行频率等于或低于临界值时,如扰动使频率进一步下降,有功不平衡加剧,形成恶性循环,导致频率不断下降最终到零,这种现象称为频率崩溃,或者叫作电力系统频率失稳。

18．何谓保证电力系统稳定的“三道防线”？

答：所谓电力系统安全稳定的“三道防线”，是指在电力系统受到不同扰动时对电网保证安全可靠供电方面提出的要求：

（1）当电网发生常见的概率高的单一故障时，电力系统应当保持稳定运行，同时保持对用户的正常供电；

（2）当电网发生了性质较严重但概率较低的单一故障时，要求电力系统保持稳定运行，但允许损失部分负荷；

（3）当电网发生了罕见的多重故障，电力系统可能不能保持稳定，但必须有预定的措施以尽可能缩小故障影响范围和缩短影响时间。

19．保证电力系统稳定运行有哪些要求？

答：保证电力系统稳定运行有以下要求：

（1）为保持电力系统正常运行的稳定性和频率、电压的正常水平，系统应有足够的静态稳定储备和有功、无功备用容量，并有必要的调节手段，在正常负荷波动和调节有功、无功潮流时，均不应发生自发振荡；

（2）要有合理的电网结构；

（3）在正常方式下，系统任一元件发生单一故障时，不应导致主系统发生非同步运行，不应发生频率崩溃和电压崩溃；

（4）在事故后经调整的运行方式下，电力系统仍有按规定的静态稳定储备，相关元件按规定的事故过负荷运行；

（5）电力系统发生稳定破坏时，必须有预定的处理措施，以缩小事故的范围，减少事故损失。

20．提高电力系统静态稳定性的措施有哪些？

答：电力系统静态稳定性是指电力系统正常运行时的稳定性，电力系统静态稳定性的基本性质说明，静态储备越大则静态稳定性越高。提高静态稳定性的措施很多，但是根本性措施是缩短“电气距离”，主要措施有：

（1）减少系统各元件的电抗，即减小发电机和变压器的电抗，减少线路电抗；

（2）提高系统电压水平；

（3）改善电力系统结构；

（4）采用串联电容器补偿；

（5）采用自动调节装置；

（6）采用直流输电。

21．提高电力系统暂态稳定性的措施有哪些？

答：提高电力系统暂态稳定性的具体措施有：

（1）继电保护实现快速切除故障；

（2）线路采用自动重合闸；

（3）采用快速励磁系统；

（4）发电机增加强励倍数；

（5）汽轮机快速关闭气门；

（6）发电机电气制动；

（7）变压器中性点经小电阻接地；

（8）长线路中间设置开关站；

（9）线路采用可控串联电容器补偿；

（10）采用发电机—电路单元接线方式；

（11）实现连锁切机；

（12）采用静止无功补偿装置；

（13）系统设置解列点；

（14）系统稳定破坏后，必要且条件许可时，可以让发电机短期异步运行，尽快投入系统备用电源，然后增加励磁，实现机组再同步。

22．防止电压崩溃的措施有哪些？

答：防止电压崩溃的措施主要有：

（1）依照无功分层分区、就地平衡的原则，安装足够容量的无功补偿设备；

（2）在正常运行中要备有一定的可以瞬时自动调出的无功功率备用容量，如发电机无功备用和静止补偿器；

（3）在供电系统采用有载调压变压器时，必须配备足够的无功电源；

（4）不进行远距离、大容量的无功功率输送；

（5）超高压线路的充电功率不宜作补偿容量使用，以防跳闸后造成电压大幅波动；

（6）高电压、远距离、大容量输电系统，在短路容量较小的受电端，设置静态无功补偿装置、调相机等作电压支撑；

（7）在必要地区要安装电压自动减负荷装置，并准备好事故限电序位表；

（8）建立电压安全监视系统，它应具备向调度员提供电网中有关地区的电压稳定裕度、电压稳定易于破坏的薄弱地区应采取的措施等功能。

23．防止频率崩溃的措施有哪些？

答：防止频率崩溃的措施主要有：

（1）电力系统运行应保证有足够的、合理分布的旋转备用容量和事故备用容量；

（2）电力系统应装设并投入有预防最大功率缺额切除容量的低频率自动减负荷装置；

（3）水电厂机组采用低频自启动装置和抽水蓄能机组装设低频切泵及低频自启动发电的装置；

（4）制定系统事故拉闸序位表，在需要时紧急手动切除负荷；

（5）制定保证发电厂厂用电及重要负荷的措施。

24．什么是黑启动？

答：所谓黑启动，是指整个系统因故障停运后，系统全部停电，处于全“黑”状态，不依赖别的网络帮助，通过系统中具有自启动能力的发电机组启动，带动无自启动能力的发电机组，逐渐扩大系统恢复范围，最终实现整个系统的恢复。

25．黑启动需要注意的问题有哪些？

答：黑启动电源的选择：

（1）水电机组（包括抽水蓄能电厂）作为启动电源最为方便。水轮发电机组没有复杂的辅机系统，厂用电少，启动速度快，是最方便、理想的黑启动电源。水电厂还具备良好的调频和调压能力。但应注意径流式水电机组由于受丰枯水影响，可能在某些时候无法启动。

（2）火电机组也可作为启动电源，如燃油发电机可以在自备柴油发电机启动的情况下实现快速启动。此外，某些火电厂的外部电网失电时可实现自保厂用电，这些电厂均可以作为黑启动电源。

黑启动的原则：

（1）选择黑启动电源应根据预案和当前实际情况灵活选择。

（2）恢复重要的负荷。

1）首先启动黑启动电源附近的大容量机组；

2）重要枢纽变电站，特别是站内自备电源不足，且正常站内用电取自高压侧母线的变电站；

3）重要用户，如电力调度控制中心、政府机关、电信及移动通信等。

26．电力系统短路有什么后果？

答：电力系统短路故障发生后，由于网络总阻抗大为减少，将在系统中产生几倍甚至几十倍于正常工作电流的短路电流。强大的短路电流将造成严重的后果，主要有下列几方面：

（1）强大的短路电流通过电气设备使发热急剧增加，短路持续时间较长时，足以使设备因过热而损坏甚至烧毁；

（2）巨大的短路电流将在电气设备的导体间产生很大的电动力，可能使导体变形、扭曲或损坏；

（3）短路将引起系统电压的突然大幅度下降，系统中主要负荷异步电动机将因转矩下降而减速或停转，造成产品报废甚至设备损坏；

（4）短路将引起系统中功率分布的突然变化，可能导致并列运行的发电厂失去同步，破坏系统的稳定性，造成大面积停电，是短路所导致的最严重的后果；

（5）巨大的短路电流将在周围空间产生很强的电磁场，尤其是不对称短路时，不平衡电流所产生的不平衡交变磁场，对周围的通信网络、信号系统、晶闸管触发系统及自动控制系统产生干扰。

27．电力系统继电保护的配置原则是什么？

答：电力系统继电保护配置原则主要有：

（1）对于电力系统的电力设备和线路，应装设反应各种短路故障和异常运行的保护装置；

（2）反应电力设备和线路短路故障的保护应有主保护和后备保护，必要时可再增设辅助保护；

（3）重要的设备要求配置双重主保护；

（4）各个相邻元件保护区域之间需有重叠区，不允许有无保护的区域；

（5）必要时线路应装设将断路器自动合闸的自动重合闸装置。

28．电力系统对继电保护有什么基本要求？

答：继电保护在技术上一定要满足有选择性、速动性、灵敏性和可靠性等要求，这四“性”之间紧密联系，既矛盾又统一。

（1）有选择性，所谓有选择性指电力系统故障时，保护装置仅切除其故障元件，尽可能地缩小停电范围，保证电力系统中的非故障部分继续运行。

（2）动作迅速，继电保护动作迅速对用户、电气设备和电力系统的稳定运行等带来很大的好处。保护快速动作也利于提高自身的可靠性。

（3）灵敏度好，灵敏度是指继电保护对其保护范围内故障或不正常运行状态的反应能力。灵敏度好则指保护在系统任何运行方式下对于自己保护范围内任何地方发生的所有类型的故障均应可靠反应。

（4）可靠性高，保护的可靠性高是指属于保护范围内的短路故障，保护应动作，对于保护范围外的故障则应不动作。否则，该动作的而不动作称为保护拒动作，不该动作的而动作称为保护误动作。

29．继电保护的主要任务是什么？

答：继电保护的主要任务是当电力系统发生故障或异常工况时，在可能实现的最短时间和最小区域内，自动将故障设备从系统中切除，使故障元件免于继续遭到破坏并保证非故障元件迅速恢复正常运行，或发出信号由值班人员消除异常工况根源，以减轻或避免设备的损坏。

除此之外，对于用于切除故障的断路器上，根据需要配置的自动重合闸装置应该能够实现自动重合闸功能，以提高系统的供电可靠性和稳定性。

30．继电保护的常用类型有哪些？

答：继电保护的常用类型有：电流保护、电压保护（包括低电压保护、过电压保护）、阻抗保护（也称距离保护）、方向保护、差动保护（包括纵差保护、横差保护）、高频保护、序分量保护（零序电流、电压保护，负序电流、电压保护等）、瓦斯保护、行波保护、平衡保护。

31．什么是主保护？什么是后备保护？什么是辅助保护？

答：主保护是指被保护元件整个保护范围内发生故障，能以最快速度有选择地切除被保护设备和线路故障的保护。

后备保护是在主保护或断路器拒动时，用以切除故障的保护。

辅助保护是为补充主保护和后备保护的性能不足、需要加速切除严重故障或在主、后备保护退出运行时而增设的简单保护。

32．什么是继电保护的“远后备”和“近后备”？

答：“远后备”是指当元件故障而其保护或断路器拒绝动作时，由电源侧的相邻元件保护装置将故障切开。“近后备”则用双重化配置方式加强元件本身的保护，使之在区内故障时，保护无拒绝动作的可能。同时装设断路器失灵保护，以便当断路器拒绝跳闸时启动它来切开同一变电站母线的高压断路器，或遥切对侧断路器。

33．重合闸和继电保护的配合方式有哪些？分别有什么优缺点？

答：在电力系统中，自动重合闸与继电保护配合的方式有两种，即自动重合闸前加速保护动作（简称“前加速”）和自动重合闸后加速保护动作（简称“后加速”）。

采用“前加速”的优点是，能快速切除瞬时性故障，使暂时性故障来不及发展成为永久性故障，而且使用设备少，只需一套ARD自动重合闸装置。其缺点是重合于永久性故障时，再次切除故障的时间会延长，装有重合闸的线路断路器的动作次数较多，若此断路器的重合闸拒动，就会扩大停电范围，甚至在最后一级线路上的故障，也可能造成全网络停电。因此，实际上“前加速”方式只用于35kV及以下的网络。

采用“后加速”的优点是，第一次跳闸是有选择性的，不会扩大事故，在重要高压网络中，是不允许无选择性跳闸的，应用这种方式特别适合。同时，这种方式使再次断开永久性故障的时间缩短，有利于系统并联运行的稳定性。其主要缺点是第一次切除故障可能带时限，当主保护拒动，而由后备保护来跳闸时，时间可能比较长。

34．什么是自动重合闸？为什么要采用自动重合闸？

答：自动重合闸装置是将因故障跳开后的断路器按需要自动投入的一种自动装置。

电力系统运行经验表明，架空线路绝大多数的故障都是瞬时性的，永久故障一般不到10%，因此，在继电保护动作切除短路故障后，电弧将自动熄灭，绝大多数情况下短路处的绝缘可以自动恢复。因此，自动将断路器重合，不仅提高了供电的安全性和可靠性，减少了停电损失，而且还提高了电力系统的暂态稳定水平，增大了高压线路的送电容量，也可纠正由于断路器或继电保护装置造成的误跳闸。所以，架空线路要采用自动重合闸装置。

35．220kV及以上交流线路保护的配置原则是什么？

答：对于220kV及以上交流线路，应装设两套完整、独立的全线速动主保护。接地短路后备保护可装设阶段式或反时限零序电流保护，亦可采用接地保护并辅之以阶段式或反时限零序电流保护。相间短路后备保护可装设阶段式距离保护。

36．母线应配置哪些保护？

答：发电厂和变电站的母线是汇集和分配电能的关键元件。母线故障将威胁电力系统的安全运行。母线故障概率尽管较小，但因后果严重应该有良好的保护措施。母线的故障主要是相间和接地短路。对母线进行保护的方式有两种：一种是利用供电元件的后备保护延时切除故障；另一种是装专门的母线保护。前者通常用于小型发电厂和变电站的单母线或单母线分段情况，后者常用于高压母线和对系统稳定及运行有特殊要求（如给发电厂重要负荷供电的母线等）的情况。专门的母线保护主要有：母线电流纵差保护、母联电流比相式母线保护、电流比相式母线保护等。除此之外，应考虑母线上某断路器可能拒动时产生的严重后果，故必须装断路器失灵保护（又称后备接线），在该断路器拒动时切除所在母线上的全部断路器。

37．变压器一般应装设哪些保护？

答：为了防止变压器在发生各种类型故障和不正常运行时造成不应有的损失，保证电力系统安全连续运行，变压器一般应装设以下继电保护装置。

（1）反应变压器油箱内部各种短路故障和油面降低的瓦斯保护。

（2）反应变压器内部及引出线套管的故障。防御变压器绕组和引出线多相短路、大电流接地系统侧绕组和引出线的单相接地短路及绕组匝间短路的（纵联）差动保护或电流速断保护。

（3）反应变压器外部相间短路并作为瓦斯保护和差动保护后备的过电流保护。

（4）反应变压器对称过负荷的过负荷保护。

（5）反应大电流接地系统中变压器外部接地短路的零序电流保护。

（6）反应变压器过励磁的过励磁保护。

同时为了监视变压器的上层油温不超过规定值（一般为85℃）而装设的温度信号装置。当超过油温规定值时，温度信号装置动作发出信号或自动开启变压器冷却风扇。

在超高压网络中，由于大型变压器价格昂贵以及它在系统中的重要作用，其保护应按双重化配置，以确保变压器安全可靠供电。

38．10kV设备主要应配备哪些保护？

答：10kV设备主要应配备过流速段保护、过流Ⅰ段保护和过流Ⅱ段保护、零序保护等。

39．什么是一次设备？常见的一次设备有哪些？

答：一次设备是直接执行电网中发、输、变、配电主要工作任务的设备，包括生产和变换电能的设备、接通或断开电路的开关电器、限制故障电流和防御过电压的电器、接地装置及载流导体。

常用的一次设备可以分为五类：

（1）生产、变换电能的设备。如发电机、变压器、换流阀等，都是最主要的设备。

（2）开关电器。如断路器、隔离开关、负荷开关、接触器、闸刀开关等。它们的作用是在正常运行时控制电路投退或隔离电源，在发生故障时断开电路，以满足生产运行和操作的要求。

（3）限制故障电流和防御过电压的电器。如限制短路电流的电抗器及防御过电压的避雷器等。

（4）接地装置。无论是电力系统中性点的工作接地或是各种安全保护接地，在变电所中，均采用金属接地体埋入地中并连接成接地网，组成接地装置。

（5）载流导体，如母线、电力电缆等。它们按设计要求，将有关电气设备连接起来。

40．什么是二次设备？变电站内常见二次设备有几类？分别有哪些？

答：二次设备是为确保电网和一次设备的安全、稳定运行，完成对一次设备运行测量、监视、控制和保护工作任务的设备总称。变电站内常见二次设备包括以下几类：保护设备、安全稳定自动设备、网安设备、自动化设备。

变电站内常见保护设备包括：各种保护装置（线路保护装置、主变保护装置、母差保护装置、电容器保护装置、接地变保护装置、分段保护装置）、保护通道、数据交换接口、小电流接地选线装置、故障录波装置、行波测距装置、保护故障信息管理系统及合并单元、智能终端等设备及二次回路。

变电站内常见安全稳定自动设备包括：备自投装置、低频低压减载装置、频率电压紧急控制装置、故障解列装置。

变电站内常见网安设备包括：纵向加密机、防火墙、交换机。

变电站内常见自动化设备包括：测控装置、远动机、后台监控机。

41．电气设备有哪些工作状态？其区别是什么？

答：电气设备有运行状态、热备用状态、冷备用状态、检修状态四种工作状态。

（1）运行状态：指设备或电气系统带有电压，其功能有效。母线、线路、断路器、变压器、电抗器、电容器及电压互感器等一次电气设备的运行状态，是指从该设备电源至受电端的电路接通并有相应电压（无论是否带有负荷），且控制电源、继电保护及自动装置正常投入。

（2）热备用状态：指设备已具备运行条件，经一次合闸操作即可转为运行状态的状态。母线、变压器、电抗器、电容器及线路等电气设备的热备用是指连接该设备的各侧均无安全措施，各侧的开关全部在断开位置，且至少一组开关各侧刀闸处于合上位置，设备继电保护投入，开关的控制、合闸及信号电源投入。开关的热备用是指其本身在断开位置、各侧刀闸在合闸位置，设备继电保护及自动装置满足带电要求。

（3）冷备用状态：设备的断路器及隔离开关（接线中有的话）都在断开位置。

（4）检修状态：当设备的所有断路器、隔离开关均断开，并且已验电、装设接地线、悬挂标示牌和装好临时遮栏时，该设备即处在“检修状态”。

42．什么是运用中的电气设备？

答：所谓运用中的电气设备，系指全部带有电压、一部分带有电压或一经操作即带有电压的电气设备。

43．什么是双重名称？什么是双重称号？

答：双重名称是设备的名称和编号。

双重称号是同杆塔架设两回及以上线路的名称和位置称号。

44．电气设备为什么要接地？其主要类型有哪几种？

答：电气设备接地主要是为了保证电力网或电气设备的正常运行和工作人员的人身安全，人为地使电力网及其某个设备的某一特定地点通过导体与大地作良好的连接。这种接地包括工作接地、保护接地、保护接零、防雷接地和防静电接地等。

（1）工作接地。为了保证电气设备在正常或发生故障情况下可靠工作而采取的接地，称为工作接地。工作接地一般都是通过电气设备的中性点来实现的，所以又称为电力系统中性点接地。例如，电力变压器或电压互感器的中性点接地就属于工作接地。

（2）保护接地。将一切正常工作时不带电而在绝缘损坏时可能带电的金属部分（如各种电气设备的金属外壳、配电装置的金属构架等）接地，以保证工作人员接触时的安全，这种接地为保护接地。保护接地是防止触电事故的有效措施。

（3）保护接零。在中性点直接接地的低压电力网中，把电气设备的外壳与接地中性线（也称零线）直接连接，以实现对人身安全的保护作用，称为保护接零或简称接零。

（4）防雷接地。为消除大气过电压对电气设备的威胁，而对过电压保护装置采取的接地措施称为防雷接地。把避雷针、避雷线和避雷器通过导体与大地直接连接均属于防雷接地。

（5）防静电接地。对生产过程中有可能积蓄电荷的设备，如油罐、天然气罐等所采取的接地，称为防静电接地。

45. 保护接地分为几类？其作用是什么？

答： 保护接地就是将正常不带电的电气设备等的金属外壳、金属构件接地。保护接地按电源的中性点接地方式不同，又分IT、TT和TN三种。

（1）IT接地方式，其中字母I为电源中性点不接地或经高阻抗接地，T为设备的金属外壳接地。假若设备外壳不接地，带电线圈碰壳故障时，外壳体带上了电压，若此时有人触摸外壳，接地电流流经人体与对地分布电容而构成回路，对人身是危险的；若外壳保护接地后，由于人体电阻远比接地装置的接地电阻大，流经人体的电流很小，对人身是相对安全的，如图1-2所示。IT系统适用于环境条件不良、易发生单相接地故障及易燃、易爆的场所，如煤矿、化工厂、纺织厂等。

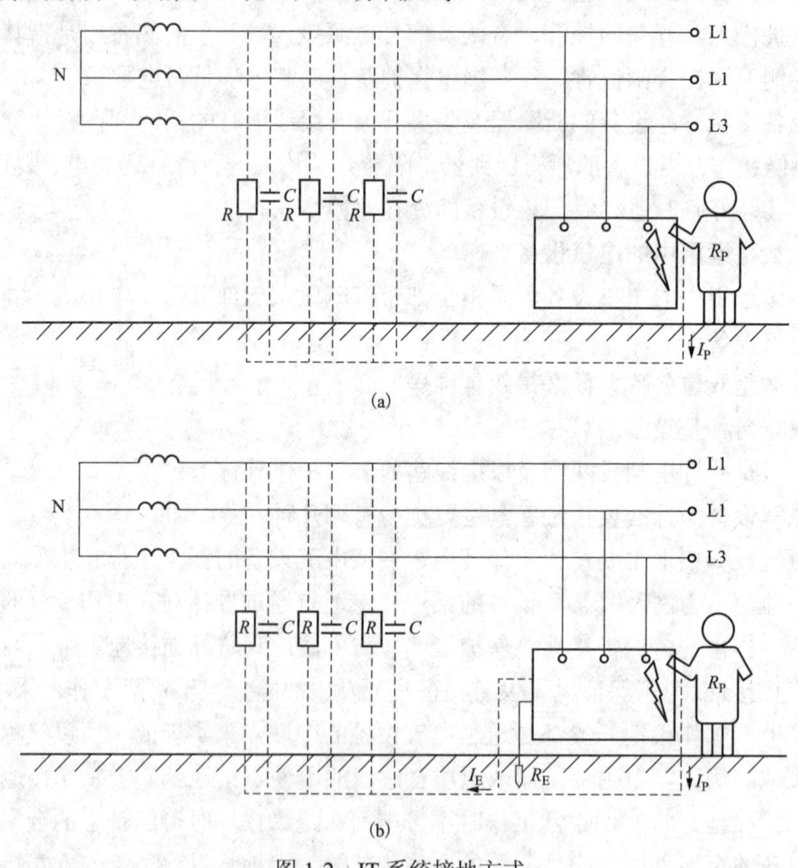

图1-2　IT系统接地方式

（a）无接地；（b）有接地

（2）TT 接地方式，其中第一个字母 T 表示电源中性点接地，第二个字母 T 是设备金属外壳接地，TT 接地方式在高压系统普遍采用，如图 1-3 所示。对于具有大容量电气设备的系统，发生碰壳故障时，按正常负荷电流整定的熔断器或保护装置不动作，这样金属外壳将长期带电，增加了人员触电的可能性。

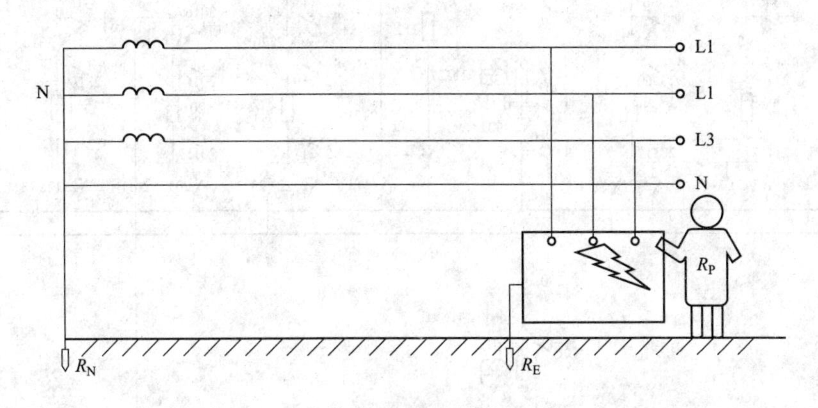

图 1-3　TT 系统接地方式

（3）TN 接地方式，将金属外壳经公共的保护线 PE 与电源的接地中性点 N 连接，故 TN 方式又称保护接零，常用于低电压系统，如图 1-4 所示。

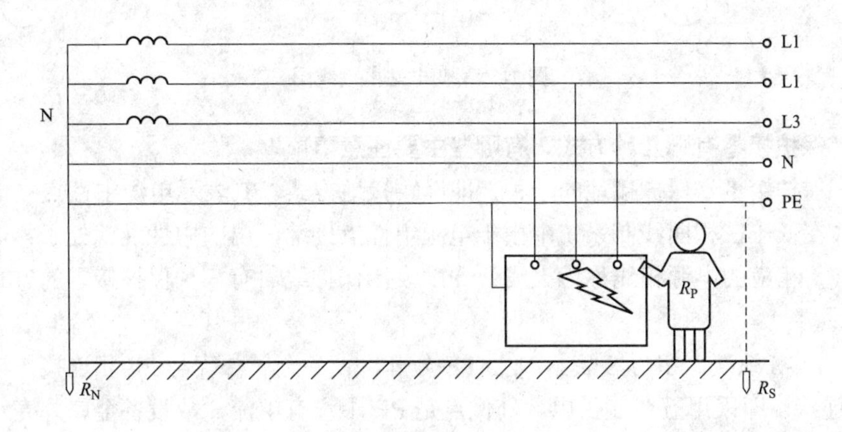

图 1-4　TN 系统接地方式

46．厂站设备分段接地的意义和目的是什么？

答：检修部分若分为几个在电气上不相连接的部分，各段应分别验电接地短路，主要是为了释放剩余电荷和防止产生的感应电压。

例如，某变电站的主接线图如图 1-5 所示，若进行“220kV 甘大线 233 断路器及线路电压互感器预试；2336 隔离开关小修”的工作，则“应合上的接地开关（双重名称或编号）、装设的接地线（装设地点）、应设绝缘挡板”为：23317；在 220kV 甘大线 233 断路器和 2336 隔离开关之间装设一组三相短路接地线；在 220kV 甘大线线路电压互感器一次接线桩头上装设一组三相短路接地线。

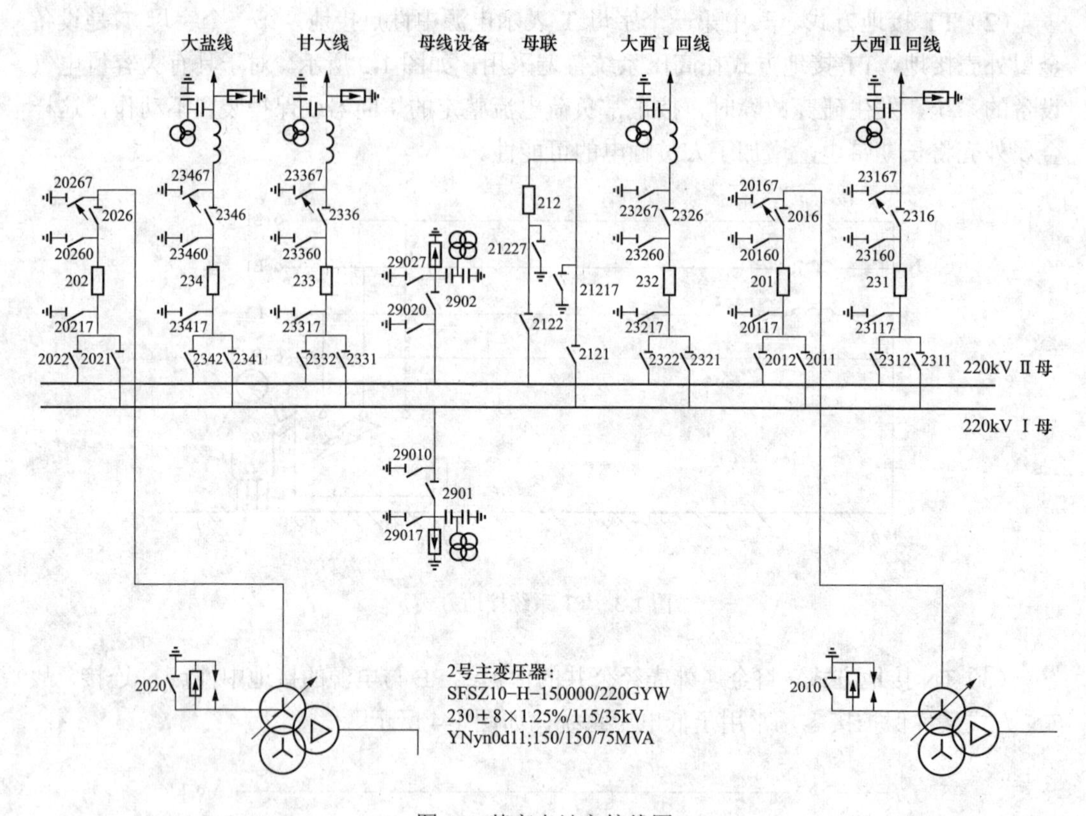

图 1-5 某变电站主接线图

47. 保护接零有哪几种方式？有哪些主要注意事项？

答：保护接零是保护接地的一种，即 TN 接地方式。T 表示电源中性点接地，N 表示零线（在低压三相四线制系统中由于电源中性点接地，出的中性线就处于零电位，故称为零线，相应的电源相线称为火线），PE 表示保护线。有三种保护接零的方式，如图 1-6 所示。

（1）TN-S 系统。字母 S 表示 N 与 PE 分开，设备金属外壳与 PE 相连接，设备中性点与 N 连接，即采用五线制供电。其优点是 PE 中没有电流，故设备金属外壳对地电位为零，主要用于数据处理、精密检测、高层建筑的供电系统。

（2）TN-C 系统。字母 C 表示 N 与 PE 合并成为 PEN，实际上是四线制供电方式。设备中性点和金属外壳都与 N 连接。由于 N 正常时流通三相不平衡电流和谐波电流，故设备金属外壳正常对地带有一定电压，通常用于一般供电场所。

（3）TN-C-S 系统。一部分 N 与 PE 合并，一部分 N 与 PE 分开，是四线半制供电方式。应用于环境较差的场所。当 N 与 PE 分开后不允许再合并。

采用 TN 接地方式时，若设备发生碰壳故障就形成相线、金属外壳和 N 或 PE（当引自电源中性点时）的一个金属闭合回路，短路电流较大，能使保护装置迅速将故障切除。

应当指出在同一台变压器供电的电网中，不允许 TT 和 TN 方式混用，因为 TT 方式碰壳故障后，引起中性线电位升高，若故障不能及时切除，TN 方式的外壳有触电的危险，否则 TT 需安装灵敏的漏电保护装置。

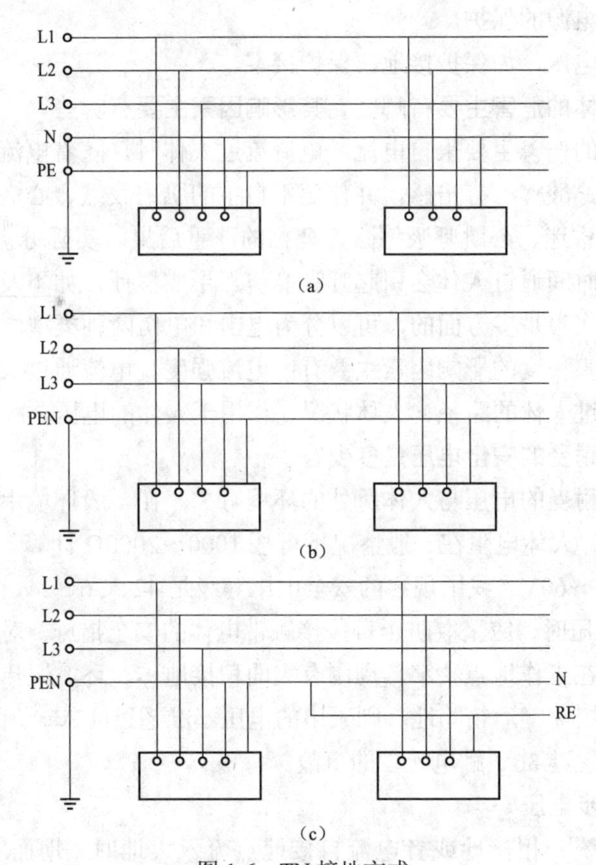

图 1-6　TN 接地方式

(a) TN-S 系统；(b) TN-C 系统；(c) TN-C-S 系统

48．什么是触电？触电有哪几种情况？

答：所谓触电，是指电流流过人体时对人体产生的生理和病理伤害。触电有以下三种情况：

(1) 与带电部分直接接触，包括感应电、静电和漏电（由于绝缘损坏使金属外壳、构件带电）等。

(2) 发生接地故障时，人处于接触电压和跨步电压的危险区。

(3) 与带电部分间隔在安全距离之内。

49．防止触电的基本措施有哪些？

答：防止直接接触触电的措施有：

(1) 绝缘。

(2) 屏护。

(3) 间距。

(4) 采用安全电压。

（5）安装漏电保护器。

防止间接接触触电的常用方法有：

（1）自动切断电源的保护。

（2）降低接触电压，如保护接地、保护接零。

50．电流对人体的危害主要有哪些？其影响因素主要有哪些？

答：电对人体的伤害主要来自电流。电流流过人体时，随着电流的增大，人体会产生不同程度的刺麻、酸疼、打击感，并伴随不自主的肌肉收缩、心慌、惊恐等症状，直至出现心律不齐、昏迷、心跳呼吸停止、死亡的严重后果。实际分析表明，50mA以上的工频交流电较长时间通过人体会引起呼吸麻痹，形成假死，如不及时抢救就有生命危险。电流对人体的伤害是多方面的，可以分为电击和电伤两种类型。

电流对人体伤害程度的影响因素主要有：电流强度、电流通过人体的持续时间、电流的频率、电流通过人体的路径、人体状况、作用于人体的电压。

51．人体所能耐受的安全电压是多少？

答：人体所能耐受的电压与人体所处的环境有关。在一般环境中流过人体的安全电流可按30mA考虑，人体电阻在一般情况下可按1000～2000Ω计算。这样一般环境下的安全电压范围是30～60V。我国规定的安全电压等级是42、36、24、12、6V，当设备采用超过24V安全电压时，应采取防止直接接触带电体的安全措施。对于一般环境的安全电压可取36V，但在工作地点狭窄、周围有大面积接地体、环境湿热场所和比较危险的地方，如电缆沟、煤斗、油箱等地，则采用的电压不准超过12V。值得注意的是，在潮湿的环境中也曾发生过36V触电死亡的事故。

52．什么是跨步电压？

答：当电力系统一相接地或者电流自接地点流入大地时，地面上将会出现不同的电位分布。当人的双脚站立在不同的电位点上时，双脚之间将承受一定的电位差，这种电位差就称为跨步电压。距离接地点越近，跨步电压越大；距离接地点越远，跨步电压越小。

53．什么是接触电压？

答：当电气设备因绝缘损坏而发生接地故障时，如人体的两个部分（通常是手和脚）同时触及漏电设备的外壳和地面，人体两部分分别处于不同的电位，其间的电位差即为接触电压。接触电压的大小，随人体站立点的位置而异。人体距离接地极越远，受到的接触电压越高。

54．什么是过电压？过电压分为哪几类？

答：过电压是指超过正常运行电压并可使电力系统绝缘或保护设备损坏的电压升高。过电压可以分为内部过电压和外部（雷电）过电压两大类。内部过电压可按其产生原因分为操作过电压和暂时过电压，而后者又包括谐振过电压和工频电压升高。

55．什么是操作过电压？常见的操作过电压有哪些？

答：因操作引起的暂态电压升高，称为操作过电压。常见的操作过电压有：中性点绝缘电网中的电弧接地过电压；切除电感性负载（空载变压器、消弧线圈、并联电抗器、电动机）等过电压；切除电容性负载（空载长线路、电缆、电容器组等）过电压；空载线路合闸（包括重合闸）过电压及系统解列过电压等。

56．什么是谐振过电压？电力系统中谐振的类型有哪些？常见的谐振过电压有哪些？

答：因系统中电感、电容参数配合不当，在系统进行操作或发生故障时出现的各种持续时间很长的谐振现象及其电压升高，称为谐振过电压。

在不同电压等级、不同结构的系统中可以产生不同类型的谐振过电压。一般可认为电力系统中电容和电阻元件的参数是线性的，而电感元件则不然。因此，随着振荡回路中电感元件的特性不同，谐振将呈现三种不同的类型：线性谐振、铁磁谐振（非线性谐振）、参数谐振。

常见的谐振过电压有：断线谐振过电压、中性点不接地系统中电压互感器饱和过电压、中性点直接接地系统中电压互感器饱和过电压、传递过电压与其超高压系统中出现的工频谐振过电压、高频谐振过电压、分频谐振过电压。

57．什么是雷电过电压？分别有哪些类型？

答：雷电过电压是指雷电直接击于导线或设备上引起的过电压称为直击雷过电压；雷电击于导线或设备旁边，由于电磁感应产生的过电压称为感应雷过电压。

雷电过电压可以分为两种：

（1）直击雷过电压，是雷电直接击中杆塔、避雷线或导线引起的线路过电压。按照雷击线路部位的不同，直击雷过电压又分为两种情况：一种是雷击线路杆塔或避雷线时，雷电流通过雷击点阻抗使该点对地电位大大升高，当雷击点与导线之间的电位差超过线路绝缘的冲击放电电压时，会对导线发生闪络，使导线出现过电压，因为杆塔或避雷线的电位（绝对值）高于导线，故通常称为反击；另一种是雷电直接击中导线（无避雷线时）或绕过避雷线（屏蔽失效）击于导线，直接在导线上引起过电压，后者通常称为绕击。

（2）感应雷过电压，是雷击线路附近大地，由于电磁感应在导线上产生的过电压。

58．什么是工频电压升高？产生工频电压升高的主要原因有哪些？

答：电力系统在正常或故障时可能出现幅值超过最大工作相电压、频率为工频或接近工频的电压升高，统称为工频电压升高，或称为工频过电压。产生工频电压升高的主要原因有：空载长线路的电容效应、不对称接地故障的不对称效应、发电机突然甩负荷的甩负荷效应等。

59．什么是绝缘？分别有哪些类型？各有什么特点？

答：所谓绝缘，是指使用不导电的物质将带电体隔离或包裹起来，以对触电起保护作用的一种安全措施。良好的绝缘是保证电气设备与线路的安全运行，防止人身触电事故的发生最基本的和最可靠的手段。

绝缘根据绝缘材料的性质通常可分为气体绝缘、液体绝缘和固体绝缘三类。

（1）气体绝缘材料是能使有电位差的电极间保持绝缘的气体。气体绝缘遭破坏后有自恢复能力，它有电容率稳定、介质损耗极小、不燃、不爆、化学稳定性好、不老化、价格便宜等优点，是极好的绝缘材料。常用的气体绝缘材料有空气、氮气、氢气、二氧化碳和六氟化硫。

（2）液体绝缘材料是指用以隔绝不同电位导电体的液体，又称绝缘油。它主要取代气体，填充固体材料内部或极间的空隙，以提高其介电性能，并改进设备的散热能力。例如，在油浸纸绝缘电力电缆中，它不仅显著地提高了绝缘性能，还增强散热作用；在电容器中提高其介电性能，增大每单位体积的储能量；在开关中除绝缘作用外，更主要起灭弧作用。液体绝缘材料按材料来源可分为矿物绝缘油、合成绝缘油和植物油3大类。

（3）固体绝缘材料是用以隔绝不同电位导电体的固体，一般还要求固体绝缘材料兼具支撑作用。与气体绝缘材料、液体绝缘材料相比，固体绝缘材料由于密度较大，因而击穿强度也高得多，这对减少绝缘厚度有重要意义。在实际应用中，固体绝缘仍是最为广泛使用，且最为可靠的一种绝缘物质。固体绝缘材料可以分成无机的和有机的两大类。

60．什么是电介质损耗？

答：电介质在交变电场作用下单位时间内因发热而消耗的能量称为电介质的损耗功率，简称介质损耗。介质损耗是应用于交变电场中电介质的重要品质指标之一。电介质在交变电场作用下转换成热能的能量会使其升温并可能引起热击穿，因此，在电绝缘技术中，特别是当绝缘材料用于高电场强度或高频的场合，应尽量采用介质损耗因数（即电介质损耗角正切 $\tan\delta$，它是电介质损耗与该电介质无功功率之比）较低的材料。

电介质损耗按其形成机理可分为弛豫损耗、共振损耗和电导损耗。前两者分别与电介质的弛豫极化和共振极化过程有关。对于弛豫损耗，当交变电场的频率 $\omega=1/\tau$ 时，介质损耗达到极大值，τ 为组成电介质的极性分子和热离子的弛豫时间。对于共振损耗，当电场频率等于电介质振子固有频率（共振）时，损失能量最大。电导损耗则是由贯穿电介质的电导电流引起，属焦耳损耗，与电场频率无关。

61．提高绝缘的主要措施有哪些？

答：提高气体绝缘、液体绝缘和固体绝缘的方法不同，具体如下：

（1）提高气体绝缘的措施主要有：

1）从改善电场方面主要有改进电极形状、利用空间电荷及采用屏障；

2）从限制游离方面主要有采用高气压、采用高真空、采用高电气强度气体。

（2）提高液体绝缘的措施主要有：

1）通过过滤、防潮、脱气、防尘及采用油和固体介质组合如覆盖、绝缘、屏障等，以减小杂质的影响提高并保持绝缘；

2）改进绝缘结构以减小杂质的影响。

（3）提高固体绝缘的措施主要有：

1）改进绝缘设计；

2）改进制造工艺；

3）改善运行条件；

4）对多孔性、纤维性材料经干燥后浸油、浸漆，以防止吸潮，提高局部放电起始电压；

5）加强冷却，提高热击穿电压；

6）调整多层绝缘中各层电介质所承受的电压；

7）改善电场分布，如电极边缘的固体电介质表面涂半导电漆。

第二章　电力安全生产规定

1．涉及安全生产的法律法规主要有哪些？

答：我国现行法律法规中涉及安全生产的主要有《中华人民共和国电力法》《中华人民共和国安全生产法》（以下简称《安全生产法》）《中华人民共和国刑法》《中华人民共和国消防法》《中华人民共和国职业病防治法》《中华人民共和国道路交通安全法》等；涉及我国电力行业行政性法规的有：《电力供应与使用条例》《电网调度管理条例》《电力设施保护条例》等；涉及我国电力行业部门规章的有：《电力设施保护条例实施细则》《供用电监督管理办法》《供电营业区划分及管理办法》《用电检查管理办法》《居民用户家用电器损坏处理办法》《供电营业规则》《电网调度管理条例实施办法》等，以及地方性电力法规。

2．生产经营单位的安全生产责任主要有哪些？

答：生产经营单位必须遵守《安全生产法》和其他有关安全生产的法律、法规，加强安全生产管理，建立、健全安全生产责任制和安全生产规章制度，改善安全生产条件，推进安全生产标准化建设，提高安全生产水平，确保安全生产。

3．生产经营单位需要提供哪些安全生产保障？

答：为保障安全生产，生产经营单位应当从以下几方面提供必要的保障：

（1）生产经营单位应当具备《安全生产法》和有关法律、行政法规和国家标准或者行业标准规定的安全生产条件；不具备安全生产条件的，不得从事生产经营活动。

（2）生产经营单位应当建立相应的机制，加强对安全生产责任制落实情况的监督考核，保证安全生产责任制的落实。

（3）有关生产经营单位应当按照规定提取和使用安全生产费用，专门用于改善安全生产条件；安全生产费用在成本中据实列支。

（4）矿山、金属冶炼、建筑施工、道路运输单位和危险物品的生产、经营、储存单位，应当设置安全生产管理机构或者配备专职安全生产管理人员。除此以外的其他生产经营单位，从业人员超过一百人的，应当设置安全生产管理机构或者配备专职安全生产管理人员；从业人员在一百人以下的，应当配备专职或者兼职的安全生产管理人员；生产经营单位的主要负责人和安全生产管理人员必须具备与本单位所从事的生产经营活动相应的安全生产知识和管理能力。

（5）生产经营单位应当建立安全生产教育和培训档案，如实记录安全生产教育和培训的时间、内容、参加人员以及考核结果等情况；生产经营单位的特种作业人员必须按照国家有关规定经专门的安全作业培训，取得相应资格，方可上岗作业。

4. 生产经营单位的安全生产责任制应当如何确定？

答：根据《安全生产法》，生产经营单位的全员安全生产责任制应当明确各岗位的责任人员、责任范围和考核标准等内容。生产经营单位应当建立相应的机制，加强对全员安全生产责任制落实情况的监督考核，保证全员安全生产责任制的落实。

5. 生产经营单位的主要负责人对安全生产工作负有哪些职责？

答：根据《安全生产法》，生产经营单位的主要负责人对本单位安全生产工作负有下列职责：

（1）建立健全并落实本单位全员安全生产责任制，加强安全生产标准化建设；

（2）组织制定并实施本单位安全生产规章制度和操作规程；

（3）组织制定并实施本单位安全生产教育和培训计划；

（4）保证本单位安全生产投入的有效实施；

（5）组织建立并落实安全风险分级管控和隐患排查治理双重预防工作机制，督促、检查本单位的安全生产工作，及时消除生产安全事故隐患；

（6）组织制定并实施本单位的生产安全事故应急救援预案；

（7）及时、如实报告生产安全事故。

6. 生产经营单位应当给从业人员提供哪些基本保障？

答：根据《安全生产法》，生产经营单位应当给从业人员提供以下保障：

（1）生产经营单位应当对从业人员进行安全生产教育和培训，保证从业人员具备必要的安全生产知识，熟悉有关的安全生产规章制度和安全操作规程，掌握本岗位的安全操作技能，了解事故应急处理措施，知悉自身在安全生产方面的权利和义务。未经安全生产教育和培训合格的从业人员，不得上岗作业。

（2）生产经营单位使用被派遣劳动者的，应当将被派遣劳动者纳入本单位从业人员统一管理，对被派遣劳动者进行岗位安全操作规程和安全操作技能的教育和培训。劳务派遣单位应当对被派遣劳动者进行必要的安全生产教育和培训。

（3）生产经营单位接收中等职业学校、高等学校学生实习的，应当对实习学生进行相应的安全生产教育和培训，提供必要的劳动防护用品。学校应当协助生产经营单位对实习学生进行安全生产教育和培训。

（4）生产经营单位应当建立安全生产教育和培训档案，如实记录安全生产教育和培训的时间、内容、参加人员以及考核结果等情况。

7. 从业人员有哪些安全生产的权利和义务？

答：根据《安全生产法》，从业人员依法享有以下安全生产的权利和义务：

（1）生产经营单位与从业人员订立的劳动合同，应当载明有关保障从业人员劳动安全、防止职业危害的事项，以及依法为从业人员办理工伤保险的事项。生产经营单位不得以任何形式与从业人员订立协议，免除或者减轻其对从业人员因生产安全事故伤亡依法应承担的责任。

（2）生产经营单位的从业人员有权了解其作业场所和工作岗位存在的危险因素、防范措施及事故应急措施，有权对本单位的安全生产工作提出建议。

（3）从业人员有权对本单位安全生产工作中存在的问题提出批评、检举、控告；有权拒绝违章指挥和强令冒险作业。生产经营单位不得因从业人员对本单位安全生产工作提出批评、检举、控告或者拒绝违章指挥、强令冒险作业而降低其工资、福利等待遇或者解除与其订立的劳动合同。

（4）从业人员发现直接危及人身安全的紧急情况时，有权停止作业或者在采取可能的应急措施后撤离作业场所。生产经营单位不得因从业人员在前款紧急情况下停止作业或者采取紧急撤离措施而降低其工资、福利等待遇或者解除与其订立的劳动合同。

（5）生产经营单位发生生产安全事故后，应当及时采取措施救治有关人员。因生产安全事故受到损害的从业人员，除依法享有工伤保险外，依照有关民事法律尚有获得赔偿的权利的，有权提出赔偿要求。

（6）从业人员在作业过程中，应当严格落实岗位安全责任，遵守本单位的安全生产规章制度和操作规程，服从管理，正确佩戴和使用劳动防护用品。

（7）从业人员应当接受安全生产教育和培训，掌握本职工作所需的安全生产知识，提高安全生产技能，增强事故预防和应急处理能力。

（8）从业人员发现事故隐患或者其他不安全因素，应当立即向现场安全生产管理人员或者本单位负责人报告，接到报告的人员应当及时予以处理。

（9）工会有权对建设项目的安全设施与主体工程同时设计、同时施工、同时投入生产和使用进行监督，提出意见。工会对生产经营单位违反安全生产法律、法规，侵犯从业人员合法权益的行为，有权要求纠正；发现生产经营单位违章指挥、强令冒险作业或者发现事故隐患时，有权提出解决的建议，生产经营单位应当及时研究答复；发现危及从业人员生命安全的情况时，有权向生产经营单位建议组织从业人员撤离危险场所，生产经营单位必须立即作出处理。工会有权依法参加事故调查，向有关部门提出处理意见，并要求追究有关人员的责任。

（10）生产经营单位使用被派遣劳动者的，被派遣劳动者享有本法规定的从业人员的权利，并应当履行本法规定的从业人员的义务。

8．安全生产监督管理人员有哪些行为会被追究安全生产法律责任？

答：按照《安全生产法》规定，负有安全生产监督管理职责的部门的工作人员，有下列行为之一的，给予降级或者撤职的处分，构成犯罪的，依照刑法有关规定追究刑事责任。

（1）对不符合法定安全生产条件的涉及安全生产的事项予以批准或者验收通过的。

（2）发现未依法取得批准、验收的单位擅自从事有关活动或者接到举报后不予取缔或者不依法予以处理的。

（3）对已经依法取得批准的单位不履行监督管理职责，发现其不再具备安全生产条件而不撤销原批准或者发现安全生产违法行为不予查处的。

（4）在监督检查中发现重大事故隐患，不依法及时处理的。

负有安全生产监督管理职责的部门的工作人员有前款规定以外的滥用职权、玩忽职守、徇私舞弊行为的，依法给予处分；构成犯罪的，依照刑法有关规定追究刑事责任。

9．国家对保护电力设施有哪些要求？

答：根据《中华人民共和国电力法》规定，应当从以下几方面做好电力设施保护：

（1）电力管理部门应当按照国务院有关电力设施保护的规定，对电力设施保护区设立标示。

（2）任何单位和个人不得在依法划定的电力设施保护区内修建可能危及电力设施安全的建筑物、构筑物，不得种植可能危及电力设施安全的植物，不得堆放可能危及电力设施安全的物品。

（3）在依法划定电力设施保护区前已经种植的植物妨碍电力设施安全的，应当修剪或者砍伐。

10．何种危及电力设施安全的作业行为将被处罚？

答：根据《中华人民共和国电力法》规定，未经批准或者未采取安全措施在电力设施周围或者在依法划定的电力设施保护区内进行作业，会危及电力设施安全，将会被电力管理部门责令停止作业、恢复原状并赔偿损失。

11．哪些影响电力生产运行的行为将会被追究责任？

答：根据《中华人民共和国电力法》规定，有下列行为之一，应当给予治安管理处罚的，由公安机关依照治安管理处罚法的有关规定予以处罚；构成犯罪的，依法追究刑事责任：

（1）阻碍电力建设或者电力设施抢修，致使电力建设或者电力设施抢修不能正常进行的。

（2）扰乱电力生产企业、变电站、电力调度机构和供电企业的秩序，致使生产、工作和营业不能正常进行的。

（3）殴打、公然侮辱履行职务的查电人员或者抄表收费人员的。

（4）拒绝、阻碍电力监督检查人员依法执行职务的。

12．电力生产与电网运行应当遵循什么原则？

答：根据《中华人民共和国电力法》规定，电力生产与电网运行应当遵循安全、优质、经济的原则，电网运行应当连续、稳定，保证供电可靠性。

13．地方各级电力管理部门在保护电力设施方面的职责是什么？

答：根据我国《电力设施保护条例》，县级以上地方各级电力管理部门在保护电力设施方面主要有以下职责：

（1）监督、检查本条例及根据本条例制定的规章的贯彻执行。

（2）开展保护电力设施的宣传教育工作。

（3）会同有关部门及沿电力线路各单位，建立群众护线组织并健全责任制。

（4）会同当地公安部门，负责所辖地区电力设施的安全保卫工作。

14．电力线路设施涉及的保护范围主要有哪些？

答：根据我国《电力设施保护条例》规定，电力线路设施涉及的保护范围主要有：

（1）架空电力线路：杆塔、基础、拉线、接地装置、导线、避雷线、金具、绝缘子、登杆塔的爬梯和脚钉，导线跨越航道的保护设施，巡（保）线站，巡视检修专用道路、船舶和桥梁，标志牌及其有关辅助设施。

（2）电力电缆线路：架空、地下、水底电力电缆和电缆联结装置，电缆管道、电缆隧道、电缆沟、电缆桥、电缆井、盖板、入孔、标石、水线标示牌及其有关辅助设施。

（3）电力线路上的变压器、电容器、电抗器、断路器、隔离开关、避雷器、互感器、熔断器、计量仪表装置、配电室、箱式变电站及其有关辅助设施。

（4）电力调度设施：电力调度场所、电力调度通信设施、电网调度自动化设施、电网运行控制设施。

15．地方各级电力管理部门应当采取哪些措施保护电力设施？

答：根据我国《电力设施保护条例》规定，县级以下地方各级电力管理部门应当采取以下措施保护电力设施：

（1）在必要的架空电力线路保护区的区界上，应设立标示，并标明保护区的宽度和保护规定。

（2）在架空电力线路导线跨越重要公路和航道的区段，应设立标示，并标明导线距穿越物体之间的安全距离。

（3）地下电缆铺设后，应设立永久性标示，并将地下电缆所在位置书面通知有关部门。

（4）水底电缆敷设后，应设立永久性标示，并将水底电缆所在位置书面通知有关部门。

16．在架空电力线路保护区内不能进行哪些危害电力设施的行为？

答：根据我国《电力设施保护条例》规定，任何单位或个人在架空电力线路保护区内不得进行以下危害电力设施的行为：

（1）不得堆放谷物、草料、垃圾、矿渣、易燃物、易爆物及其他影响安全供电的物品。

（2）不得烧窑、烧荒。

（3）不得兴建建筑物、构筑物。

（4）不得种植可能危及电力设施安全的植物。

17．在电力电缆线路保护区内需遵守什么规定？

答：根据我国《电力设施保护条例》规定，在电力电缆线路保护区内需遵守以下规定：

（1）不得在地下电缆保护区内堆放垃圾、矿渣、易燃物、易爆物，倾倒酸、碱、盐及其他有害化学物品，兴建建筑物、构筑物或种植树木、竹子。

（2）不得在海底电缆保护区内抛锚、拖锚。

（3）不得在江河电缆保护区内抛锚、拖锚、炸鱼、挖沙。

18．危害电力设施的行为有哪些？

答：根据我国《电力设施保护条例》规定，任何单位或个人都不得从事以下危害电力设施的行为：

（1）非法侵占电力设施建设项目依法征收的土地。

（2）涂改、移动、损害、拔除电力设施建设的测量标桩和标记。

（3）破坏、封堵施工道路，截断施工水源或电源。

19．新建架空线需遵守哪些规定？

答：根据我国《电力设施保护条例》规定：

（1）新建架空电力线路不得跨越储存易燃、易爆物品仓库的区域。

（2）一般不得跨越房屋，特殊情况需要跨越房屋时，电力建设企业应采取安全措施，并与有关单位达成协议。

20．对阻碍电力设施建设的农作物、植物该如何处理？

答：根据我国《电力设施保护条例》规定，对阻碍电力设施建设的农作物、植物做以下处理：

（1）新建、改建或扩建电力设施，需要损害农作物，砍伐树木、竹子，或拆迁建筑物及其他设施的，电力建设企业应按照国家有关规定给予一次性补偿。

（2）在依法划定的电力设施保护区内种植的或自然生长的可能危及电力设施安全的树木、竹子，电力企业应依法予以修剪或砍伐。

21．安全生产事故有哪些类型？如何界定？

答：根据《生产安全事故报告和调查处理条例》规定，安全生产事故包括特别重大事故、重大事故、较大事故、一般事故：

（1）特别重大事故，是指造成30人以上死亡，或者100人以上重伤（包括急性工业中毒，下同），或者1亿元以上直接经济损失的事故。

（2）重大事故，是指造成10人以上30人以下死亡，或者50人以上100人以下重伤，或者5000万元以上1亿元以下直接经济损失的事故。

（3）较大事故，是指造成3人以上10人以下死亡，或者10人以上50人以下重伤，或者1000万元以上5000万元以下直接经济损失的事故。

（4）一般事故，是指造成3人以下死亡，或者10人以下重伤，或者1000万元以下直接经济损失的事故。

22．事故调查处理应如何进行？

答：根据《生产安全事故报告和调查处理条例》规定，事故调查处理应当坚持实事求是、尊重科学的原则，及时、准确地查清事故经过、事故原因和事故损失，查明事故性质，认定事故责任，总结事故教训，提出整改措施，并对事故责任者依法追究责任。

23．发生安全生产事故后汇报工作有哪些要求？

答：根据《生产安全事故报告和调查处理条例》规定，事故发生后，事故现场有关人员应当立即向本单位负责人报告；单位负责人接到报告后，应当于1小时内向事故发生地县级以上人民政府安全生产监督管理部门和负有安全生产监督管理职责的有关部门报告。

特别重大事故、重大事故逐级上报至国务院安全生产监督管理部门和负有安全生产监督管理职责的有关部门；较大事故逐级上报至省、自治区、直辖市人民政府安全生产监督管理部门和负有安全生产监督管理职责的有关部门；一般事故上报至设区的市级人民政府安全生产监督管理部门和负有安全生产监督管理职责的有关部门。

24．什么是电力安全事故，其等级如何划分？

答：根据《中国南方电网有限责任公司电力事故事件调查规程》规定，电力生产安全事故事件是在电力生产工作中或在电力生产区域发生的，且不属于自然灾害造成的人员伤亡、直接经济损失、电网负荷损失或用户停电、热电厂停止对外供热、设备故障损坏、人员失职直接导致设备非计划停运、生产经营场所火灾火警、工程建设项目的设施、物资损坏或质量不合格、发输变配电设备非计划停运、电网安全水平降低、二次系统不正确动作、调度自动化系统功能失灵、调度通信功能失效、电力监控系统遭受攻击或侵害造成无法正常运作、关键数据被篡改或非法访问、交通运行中断及重大社会影响等后果，并达到相应定义标准的安全事故或安全事件，分为电力人身事故事件、电力安全事故事件、电力设备事故事件。

其中，生产安全事故分为电力人身事故、电力设备事故、电力安全事故3类，根据事故后果严重程度从高到低分为特别重大、重大、较大和一般共4级。

25．什么是电力人身事故事件？

答：根据《中国南方电网有限责任公司电力事故事件调查规程》规定，在电力生产工作过程中或在电力生产区域发生的，电力企业员工或承包商员工，因人员失职失责、非突发疾病等造成的死亡或受伤的生产安全事故事件。根据伤亡人员的用工关系、项目合同关系等确定事故事件归属单位。

26．什么是电力设备事故事件？

答：根据《中国南方电网有限责任公司电力事故事件调查规程》规定，在电力生产、电网运行中发生的发输变配电设备故障造成直接经济损失、设备故障损坏、水工设施损坏、发电机组检修超时限、人员失职导致设备非计划停运或状态改变、火灾火警的事故和事件，以及电力建设过程中发生的施工作业设备设施损坏、质量不合格、物资损坏或造成直接经济损失的事故和事件。

27．什么是电力安全事故事件？

答：根据《中国南方电网有限责任公司电力事故事件调查规程》规定，在电力生产、电网运行过程中发生的电网减供负荷或用户停电、电能质量降低、影响电力系统安全稳定运行或者影响电力（或热力）正常供应的事故（包括热电厂发生的影响热力正常供应的事故）和发输变配电设备非计划停运、电网安全水平降低、二次系统不正确动作、调度业务或生产实时通信功能中断等后果的事件。

28．电力非生产安全事件主要包括哪些？

答：根据《中国南方电网有限责任公司电力事故事件调查规程》规定，电力非生产安全事件包括电力自然灾害事件、电力人身意外事件、电力交通事件和涉电公共安全事件。

（1）电力自然灾害事件：在电力生产工作中或在电力生产区域发生的，由不能预见或者不能抗拒的自然灾害直接造成人身伤亡、直接经济损失（含设备损坏）、设备停运等情形。

（2）电力人身意外事件：在电力生产工作中或在电力生产区域发生的，电力企业员工或承包商员工，因突发疾病（县级以上医疗机构诊断结果）、非过失等情形和行为造成死亡或重伤，且经县级以上安全生产监督管理部门认定为非生产安全事故。

（3）电力交通事件：在电力生产区域、进厂、进变电站等专用道路上或水域发生的，或交警和其他交通管理部门不处理的其他情形，由电力企业资产或实际使用的生产性交通工具造成的人员死亡或重伤。

（4）涉电公共安全事件：由于电力企业所管辖的设备、设施、人员等原因，造成社会人员死亡或重伤。

29．发生电力事故后应当遵循哪些上报要求？

答：根据《电力安全事故应急处置和调查处理条例》，事故发生后，事故现场有关人员应当立即向发电厂、变电站运行值班人员、电力调度机构值班人员或者本企业现场负责人报告。有关人员接到报告后，应当立即向上一级电力调度机构和本企业负责人报告。本企业负责人接到报告后，应当立即向国务院电力监管机构设在当地的派出机构（以下称事故发生地电力监管机构）、县级以上人民政府安全生产监督管理部门报告；热电厂事故影响热力正常供应的，还应当向供热管理部门报告；事故涉及水电厂（站）大坝安全的，还应当同时向有管辖权的水行政主管部门或者流域管理机构报告。电力企业及其有关人员不得迟报、漏报或者瞒报、谎报事故情况。

30．电力安全事故报告包括哪些内容？

答：根据《电力安全事故应急处置和调查处理条例》，事故报告应当包括下列内容：

（1）事故发生的时间、地点（区域）以及事故发生单位。

（2）已知的电力设备、设施损坏情况，停运的发电（供热）机组数量、电网减负荷或者发电厂减少出力的数值、停电（停热）范围。

（3）事故原因的初步判断。

（4）事故发生后采取的措施、电网运行方式、发电机组运行状况以及事故控制情况。

（5）其他应当报告的情况。

（6）事故报告后出现新情况的，应当及时补报。

31．电力事故发生后应提交哪些资料？

答：根据《电力安全事故应急处置和调查处理条例》，事故发生后，有关单位和人员应当妥善保护事故现场以及工作日志、工作票、操作票等相关材料，及时保存故障录波图、电力调度数据、发电机组运行数据和输变电设备运行数据等相关资料，并在事故调查组成立后将相关材料、资料移交事故调查组。

因抢救人员或者采取恢复电力生产、电网运行和电力供应等紧急措施，需要改变事故现场、移动电力设备的，应当作出标记、绘制现场简图，妥善保存重要痕迹、物证，并作出书面记录。

任何单位和个人不得故意破坏事故现场，不得伪造、隐匿或者毁灭相关证据。

32．生产安全事故应当报告哪些内容？

答：根据《生产安全事故报告和调查处理条例》，报告事故应当包括下列内容：

（1）事故发生单位概况。

（2）事故发生的时间、地点，以及事故现场情况。

（3）事故的简要经过。

（4）事故已经造成或者可能造成的伤亡人数（包括下落不明的人数）和初步估计的直接经济损失。

（5）已经采取的措施。

（6）其他应当报告的情况。

33．事故调查的主要部门有哪些？权限如何界定？

答：根据《生产安全事故报告和调查处理条例》规定，特别重大事故由国务院或者国务院授权有关部门组织事故调查组进行调查。

重大事故、较大事故、一般事故分别由事故发生地省级人民政府、设区的市级人民政府、县级人民政府负责调查。省级人民政府、设区的市级人民政府、县级人民政府可以直接组织事故调查组进行调查，也可以授权或者委托有关部门组织事故调查组进行调查。未造成人员伤亡的一般事故，县级人民政府也可以委托事故发生单位组织事故调查组进行调查。

34．事故调查组主要由哪些人员组成？

答：根据《生产安全事故报告和调查处理条例》规定，根据事故的具体情况，事故调查组由有关人民政府、安全生产监督管理部门、负有安全生产监督管理职责的有关部门、监察机关、公安机关以及工会派人组成，并应当邀请人民检察院派人参加。事故调查组可以聘请有关专家参与调查。

35．事故调查报告提交时间期限有哪些要求？

答：根据《生产安全事故报告和调查处理条例》规定，事故调查组应当自事故发生之日起60日内提交事故调查报告；特殊情况下，经负责事故调查的人民政府批准，提交事故调查报告的期限可以适当延长，但延长的期限最长不超过60日。

36．参与事故调查的人员在哪些情况下会被追究责任？

答：根据《生产安全事故报告和调查处理条例》规定，参与事故调查的人员在事故调查中有下列行为之一的，依法给予处分；构成犯罪的，依法追究刑事责任：

（1）对事故调查工作不负责任，致使事故调查工作有重大疏漏的；

（2）包庇、袒护负有事故责任的人员或者借机打击报复的。

37．电力事故调查由哪些机构组织开展？

答：根据《电力安全事故应急处置和调查处理条例》，特别重大事故由国务院或者国务院授权的部门组织事故调查组进行调查；重大事故由国务院电力监管机构组织事故调查组进行调查；较大事故、一般事故由事故发生地电力监管机构组织事故调查组进行调查。国务院电力监管机构认为必要的，可以组织事故调查组对较大事故进行调查；未造成供电用户停电的一般事故，事故发生地电力监管机构也可以委托事故发生单位调查处理。

38．电力事故调查组由哪些人组成？

答：根据《电力安全事故应急处置和调查处理条例》，按照事故的具体情况，事故调查组由电力监管机构、有关地方人民政府、安全生产监督管理部门、负有安全生产监督管理职责的有关部门派人组成；有关人员涉嫌失职、渎职或者涉嫌犯罪的，应当邀请监察机关、公安机关、人民检察院派人参加。根据事故调查工作的需要，事故调查组可以聘请有关专家协助调查。事故调查组组长由组织事故调查组的机关指定。

39．事故调查的期限是多长时间？

答：根据《电力安全事故应急处置和调查处理条例》，按照事故的具体情况，事故调查组由电力监管机构、有关地方人民政府、安全生产事故调查组应当按照国家有关规定开展事故调查，并在下列期限内向组织事故调查组的机关提交事故调查报告：

（1）特别重大事故和重大事故的调查期限为60日；特殊情况下，经组织事故调查组的机关批准，可以适当延长，但延长的期限不得超过60日。

（2）较大事故和一般事故的调查期限为45日；特殊情况下，经组织事故调查组的机关批准，可以适当延长，但延长的期限不得超过45日。

事故调查期限自事故发生之日起计算。

40．事故调查报告应当包括哪些内容？

答：根据《电力安全事故应急处置和调查处理条例》，事故调查报告应当包括下列内容：

（1）事故发生单位概况和事故发生经过。

（2）事故造成的直接经济损失和事故对电网运行、电力（热力）正常供应的影响情况。

（3）事故发生的原因和事故性质。

（4）事故应急处置和恢复电力生产、电网运行的情况。

（5）事故责任认定和对事故责任单位、责任人的处理建议。

（6）事故防范和整改措施。

（7）事故调查报告应当附具有关证据材料和技术分析报告。

（8）事故调查组成员应当在事故调查报告上签字。

41．我国安全生产监督管理体制是什么？

答：我国安全生产监督管理体制是：综合监管与行业监管相结合，国家监察与地方监管相结合，政府监督与其他监督相结合的格局。

42．安全监察的主要内容有哪些？

答：除了综合监督管理与行业监督管理之外，针对某些危险性较高的特殊领域，国家为了加强安全生产监督管理工作，专门建立了国家监察机制。如：煤矿，国家专门建立了垂直管理的煤矿安全监察机构。

43．各级安全监察人员的职责有哪些？

答：各级安全监察人员的职责有以下内容：

（1）宣传安全生产法律法规和国家有关方针政策。

（2）监督检查生产经营单位执行安全生产法律法规情况。

（3）严格履行有关政策许可的审查职责。

（4）依法处理安全生产违法行为，实施行政处罚。

（5）正确处理事故隐患，防止事故发生。

（6）依法处理不符合法律法规和标准的有关设施、设备、器材。

（7）接受行政监察机关的监督。

（8）及时报告事故。

（9）参加安全事故应急救援与事故调查处理。

（10）忠于职守、坚持原则、秉公执法。

（11）法律、行政法规规定的其他职责。

44. 生产经营单位的安全生产主体责任有哪些？

答：生产经营单位的安全生产主体责任是指国家有关安全生产的法律法规要求生产经营单位在安全生产保障方面，应当执行的有关规定，应当履行的工作职责，应当具备的安全生产条件，应当执行的行业标准，应当承担的法律责任。主要包括以下内容：

（1）设备设施（或物质）保障责任。包括具备安全生产条件：依法履行建设项目安全设施“三同时”的规定；依法为从业人员提供劳动防护用品，并监督、教育其正确佩戴和使用。

（2）资金投入责任。包括按规定提取和使用安全生产费用，确保资金投入满足安全生产条件需要；按规定建立健全安全生产责任制保险制度，依法为从业人员缴纳工伤保险费；保证安全生产教育培训的资金。

（3）机构设置和人员配备责任。包括依法设置安全生产管理机构，配备安全生产管理人员，按规定委托和聘用注册安全工程师或者注册安全助理工程师为其提供安全管理服务。

（4）规章制度制定责任。包括建立、健全安全生产责任制和各项规章制度、操作规程、应急救援预案并督落实。

（5）安全教育培训责任。包括开展安全生产宣传教育；依法组织从业人员参加安全生产教育培训，取得相关上岗资质证书。

（6）安全生产管理责任。包括主动获取国家有关安全生产法律法规并贯彻落实；依法取得安全生产许可；定期组织开展安全检查；依法对安全生产设施、设备或项目进行安全评价；依法对重大危险源实施管控，确保其处于可控状态；及时消除事故隐患；统一协调管理承包商、承租单位的安全生产工作。

（7）事故报告和应急救援责任。包括按规定报告生产安全事故，及时开展事故抢修救援，妥善处置事故善后工作。

（8）法律法规、规章规定的其他安全生产责任。

45. 建立、健全安全生产规章制度的必要性有哪些？

答：建立、健全安全生产规章制度的必要性有以下内容：

（1）是生产经营单位的法定责任。

（2）是生产经营单位落实主体责任的具体体现。

（3）是生产经营单位安全生产的重要保障。

（4）是生产经营单位保护从业人员安全与健康的重要手段。

46．安全生产规章制度建设的原则有哪几方面？

答：安全生产规章制度建设的原则有以下内容：

（1）“安全第一、预防为主、综合治理”的原则。

（2）主要负责人负责的原则。

（3）系统性原则。

（4）标准化和规范化原则。

47．安全操作过程的编制依据包括哪些方面？

答：安全操作过程的编制依据包括以下内容：

（1）现行国家、行业安全技术标准和规范、安全规程等。

（2）设备的使用说明书，工作原理资料，以及设计、制造资料。

（3）曾经出现过的危险、事故案例及与本项操作有关的其他不安全因素。

（4）作业环境条件、工作制度、安全生产责任制等。

48．电力行业涉及的特种作业有哪些？特种作业人员的安全技术培训、考核、发证、复审的工作原则是什么？

答：特种作业的范围包括以下作业：

（1）电工作业。

（2）焊接与热切割作业。

（3）高处作业。

（4）应急管理部认定的其他作业。

特种作业人员的安全技术培训、考核、发证、复审工作实行的原则是：统一监管、分级实施、教考分离。

49．什么是职业病防护设施？

答：职业病防护设施是指消除或降低工作场所的职业病危害因素的浓度或者强度，预防和减少职业病危害因素对劳动者健康的损害或影响，保护劳动者健康的设备、设施、装置、构（建）筑物等的总称。

50．什么是职业病的三级预防？

答：第一级预防，又称病因预防。是从根本上杜绝职业病危害因素对人的作用，即改进生产工艺和生产设备，合理利用防护设施及个人防护用品，以减少工人接触的机会和程度。第二级预防，又称发病预防，是早期检测和发现人体受到职业病危害因素所致的疾病。其主要手段是定期进行环境中职业病危害因素的监测和对接触者的定期体格检查，评价工作场所职业病危害程度，控制职业病危害，加强防毒防尘、防止物理性因素等有害因素的危害。第三级预防是在患职业病以后，合理进行康复治疗，包括对职业病病人的保障，对疑似职业病病人进行诊断。

51．安全生产监督管理的基本原则是什么？

答：安全生产监督管理的基本原则有以下内容：

（1）坚持“有法可依、有法必依、违法必究”的原则；

（2）坚持以事实为依据，以法律为准绳的原则；

（3）坚持预防为主的原则；

（4）坚持行为监察与技术监察相结合的原则；

（5）坚持监察与服务相结合的原则；

（6）坚持教育与惩罚相结合的原则。

52．安全生产监督管理人员的主要职责有哪些？

答：安全生产监督管理人员的主要职责有以下内容：

（1）宣传安全生产法律法规和国家有关方针和政策；

（2）监督检查生产经营单位执行安全生产法律法规和标准的情况；

（3）严格履行有关行政许可的审查职责；

（4）依法处理安全生产违法行为，实施行政处罚；

（5）正确处理事故隐患，防止事故发生；

（6）依法处理不符合法律法规和标准的有关设施、设备、器材。

53．安全生产监督管理的方式有哪几种？

答：安全生产监督管理的方式有以下几种：

（1）事前监督管理有关安全生产许可事项的审批，包括安全生产许可证、危险化学品使用许可证、危险化学品经营许可证、矿长安全资格证、生产经营单位主要负责人安全资格证、安全管理人员安全资格证、特种作业人员操作资格证的审查或考核和颁发，以及对建设项目安全设施和职业病防护设施“三同时”审查。

（2）事中监督管理主要是日常的监督检查、安全大检查、重点行业和领域的安全生产专项整治、许可证的监督检查等。事中监督管理的重点在作业场所的监督检查，监督检查方式主要包括行为监察和技术监察两种。

（3）事后监督管理包括生产安全事故发生后的应急救援，以及事故调查处理，查明事故原因，严肃处理有关责任人员，提出防范措施。

54．百万工时死亡率的含义是什么？如何计算？

答：百万工时死亡率是指一定时期内，平均每百万工时，因事故造成的死亡人数。其计算公式为：$百万工时死亡率=\frac{死亡人数}{实际总工时}\times 10^6$。

55．安全生产事故隐患的定义是什么？

答：根据《安全生产事故隐患排查治理暂行规定》（安全监管总局令第16号），安全生产事故隐患是指生产经营单位违反安全生产法律、法规、规章、标准、规程和安全生产管理制度的规定，或者因其他因素在生产经营活动中存在可能导致事故发生的物的危险状态、人的不安全行为和管理上的缺陷。

56．安全生产隐患是如何分类的？有什么区别？

答：事故隐患分为一般事故隐患与重大事故隐患。一般事故隐患是指危害和整改难度较小，发现后能够立即整改排除；重大事故隐患是指危害和整改难度较大，应当全部或者局部停产停业，并经过一定时间整改治理方能排除的隐患，或者因外部因素影响致使生产经营单位自身难以排除的隐患。

57．发现重大事故隐患应向上级报告的内容有哪些？

答：当发现重大事故隐患的时候，应当报告的内容有：

（1）隐患的现状及其产生的原因；

（2）隐患的危害程度和整改的难易程度分析；

（3）隐患的治理方案。

58．重大事故隐患治理方案包含哪些内容？

答：当发现重大事故隐患的时候，应当由单位主要负责人组织制定并实施事故隐患治理方案。其中方案应包括：

（1）负责重大事故隐患治理的机构和人员；

（2）采取的方法和措施；

（3）治理的目标和任务；

（4）治理的时限和要求；

（5）安全措施和应急预案；

（6）重大事故隐患治理需要的经费和物资的落实。

59．应急管理体制是什么？

答：根据《中华人民共和国突发事件应对法》规定，国家建立统一领导、综合协调、分类管理、分级负责、属地管理为主的应急管理体制。

60．突发事件应对工作实行什么原则？

答：根据《中华人民共和国突发事件应对法》规定，突发事件应对工作实行预防为主、预防与应急相结合的原则。国家建立重大突发事件风险评估体系，对可能发生的突发事件进行综合性评估，减少重大突发事件的发生，最大限度地减轻重大突发事件的影响。

61．《中华人民共和国突发事件应对法》所称突发事件是指什么？

答：《中华人民共和国突发事件应对法》所称突发事件，是指突然发生，造成或者可能造成严重社会危害，需要采取应急处置措施予以应对的自然灾害、事故灾难、公共卫生事件和社会安全事件。

62．突发事件的预警级别是如何划分标准的？

答：根据《中华人民共和国突发事件应对法》规定，可以预警的自然灾害、事故灾难和公共卫生事件的预警级别，按照突发事件发生的紧急程度、发展势态和可能造成的危害程度分为一级、二级、三级和四级，分别用红色、橙色、黄色和蓝色标示，一级为最高级别。

63．破坏电力设备将受到哪些处罚？

答：根据《中华人民共和国刑法修正案（十一）》（中华人民共和国主席令第66号）第一百一十八条破坏电力设备罪规定：破坏电力、燃气或者其他易燃易爆设备，危害公共安全，尚未造成严重后果的，处三年以上十年以下有期徒刑。第一百一十九条破坏交通工具罪规定：破坏交通工具、交通设施、电力设备、燃气设备、易燃易爆设备，造成严重后果的，处十年以上有期徒刑、无期徒刑或者死刑。过失犯前款罪的，处三年以上七年以下有期徒刑；情节较轻的，处三年以下有期徒刑或者拘役。

根据最高人民法院《关于审理破坏电力设备刑事案件具体应用法律若干问题的解释》（法释〔2007〕15号）第一条，破坏电力设备 以破坏电力设备罪判处十年以上有期徒刑、无期徒刑或者死刑：

（1）造成一人以上死亡、三人以上重伤或者十人以上轻伤的；

（2）造成一万以上用户电力供应中断六小时以上，致使生产、生活受到严重影响的；

（3）造成直接经济损失百万元以上的；

（4）造成其他危害公共安全严重后果的。

过失损坏电力设备，以过失损坏电力设备罪判处三年以上七年以下有期徒刑；情节较轻的，处三年以下有期徒刑或者拘役。

64．盗窃、损毁电力设备将受到哪些处罚？

答：根据《中华人民共和国治安管理处罚法》（中华人民共和国主席令第67号）第三十三条规定：盗窃、损毁油气管道设施、电力电信设施、广播电视设施、水利防汛工程设施或者水文监测、测量、气象测报、环境监测、地质监测、地震监测等公共设施的，处10日以上15日以下拘留。

65．在有电力设施的区域施工前，施工方应该做哪些工作？

答：任何单位和个人需要在依法划定的电力设施保护区内进行可能危及电力设施安全的作业时，应当经电力管理部门批准并采取安全措施后，方可进行作业，同时做好以下工作：

（1）施工前进行交底，明确施工范围和电力设施保护要求，针对前期交过底但由于各种原因延迟开工、后期突然进场施工和主要施工单位更换情况，进行再次交底。

（2）交底不能代替物探，地埋电缆走向不清晰的，须委托有资质的单位进行物探，实施电力设施保护或者迁改。

（3）加强吊车、钩机、打桩机等特种车辆管理，持证上岗，针对性开展安全文明施工和电力安全意识培训，严格执行特种车辆作业监护制度。

（4）临近电力线路施工，须落实相关技防措施，包括现场警示标语、电力走向标准、画线，车辆限高龙门架、杆塔基础护墩等。

（5）施工方是落实技防措施的责任主体，相应技防措施必须经我局运行人员验收合格后方可施工。

66．按照《中华人民共和国电力法》规定，供电企业对用户供电负有哪些职责？

答：按照《中华人民共和国电力法》规定，供电企业应当保证供给用户的供电质量符合国家标准。对公用供电设施引起的供电质量问题，应当及时处理。用户对供电质量有特殊要求的，供电企业应当根据其必要性和电网的可能，提供相应的电力。供电企业在发电、供电系统正常的情况下，应当连续向用户供电，不得中断。因供电设施检修、依法限电或者用户违法用电等原因，需要中断供电时，供电企业应当按照国家有关规定事先通知用户。用户对供电企业中断供电有异议的，可以向电力管理部门投诉；受理投诉的电力管理部门应当依法处理。

67. 按照《中华人民共和国电力法》规定，用户需要遵守哪些规定？

答：按照《中华人民共和国电力法》规定，用户用电不得危害供电、用电安全和扰乱供电、用电秩序。对危害供电、用电安全和扰乱供电、用电秩序的，供电企业有权制止。

第三章 安全生产理论方法

1．本质安全事故致因理论的主要内容是什么？

答：有效遏制事故致因是基于问题导向实现本质安全的一种思路。物的不安全状态和人的不安全行为导致事故伤害发生，因此要通过技术革新和强化管理消除物的不安全状态，通过管理约束和文化引领控制人的不安全行为，从而根除或控制导致事故的直接原因、间接原因和根本原因，保障系统安全，如图 3-1 所示。

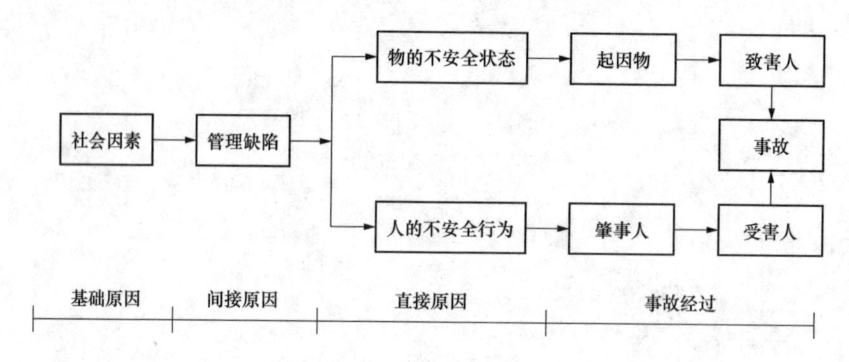

图 3-1 本质安全事故致因理论

2．本质安全动力学理论的主要内容是什么？

答：本质安全动力学理论是基于目标导向实现本质安全的理论。企业安全状态就像停在斜坡上的球，安全管理、技术工艺等是球的基本支撑力，对维持安全状态发挥保障作用，但仅有支撑力是不能使系统安全这个球得以稳定和保持在既有标准和水平上，这是因为企业中存在“下滑力”，如图 3-2 所示。这种“下滑力”包括：

（1）人对事故的态度。由于事故的偶然性和突发性，人的不安全行为或物的不安全状态不一定会立刻导致事故，使得从业人员无意或有意放弃安全措施。

（2）人的趋利性与追求短期效益行为。提升安全水平需要增加成本且安全投入往往见效缓慢或不明显，反之如将投入转移，可能在短期获得较快且明显的收益，当安全与经营、安全与速度、安全与效益发生冲突时，安全往往被放弃。

（3）人的惰性和不良习惯。保障安全费时费力，反之违章违规、投机取巧就可以获得方便和舒适。

安全生产犹如逆水行舟，不进则退。上述“下滑力”显然不是单纯依靠技术、管理等手段就能克服的，还需要有针对性对抗这种“下滑力”的“反作用力”，这种“反作用力”就是先进认识论和价值观、积极正向的执行意愿、道德行为规范的影响力等组成的“安全文化管控力”。文化管控力以及管理和技术的支撑力，共同推动和保障企业向着本质安全境界持续迈进。

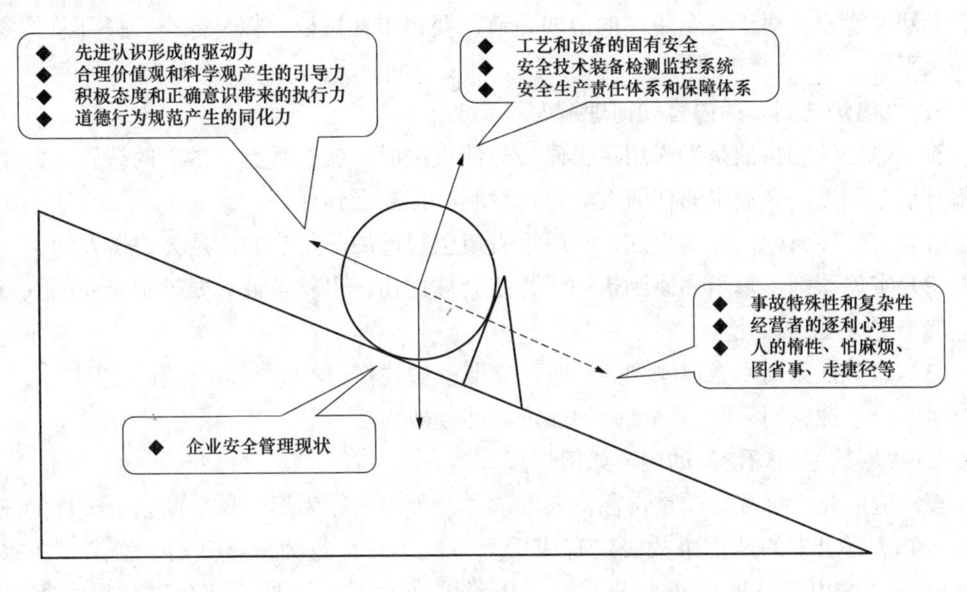

图 3-2 本质安全动力学理论

3．墨菲定律的内容如何理解？

答：墨菲定律指的是做任何一件事情，如果客观上存在着一种错误的做法，或者存在着发生某种事故的可能性，不管发生的可能性有多小，当重复去做这件事时，事故总会在某一时刻发生。也就是说，只要发生事故的可能性存在，不管可能性多么小，这个事故是迟早会发生的。墨菲定律是一种客观存在，要在安全管理中防范墨菲定律可能导致的恶性后果，必须从行为、技术、机制、环境等多方面因素入手，而对其在安全意识上的重视无疑要放到首位。同时要防微杜渐，小的隐患若不消除，就有可能扩大增长，其造成事故的概率也会慢慢增加。

4．破窗理论的内容如何理解？

答：破窗理论指的是如果有人打坏了一幢建筑物的窗户玻璃，而这扇窗户又得不到及时的维修，别人就可能受到某些示范性的纵容去打烂更多的窗户。久而久之，这些破窗户就给人造成一种无序的感觉，结果在这种公众麻木不仁的氛围中，犯罪就会滋生、猖獗。安全生产管理中，习惯性违章不被及时制止，也将会导致更多人受到暗示或纵容的影响，最终导致事故的发生。

“破窗理论”给我们的启示是：必须及时修好“第一个被打碎的窗户玻璃”。言外之意就是，如果有人打坏了窗户玻璃而这扇窗户又未得到及时修补，将会给其他人产生暗示性，纵容更多的人去打坏玻璃甚至做出更严重的破坏。

5．“木桶定律”的内容如何理解？

答：木桶定律指的是盛水的木桶是由许多块木板箍成的，盛水量也是由这些木板共同决定的。若其中一块木板很短，则此木桶的盛水量就被短板所限制。这块短板就成了这个木桶盛水量的“限制因素”（或称“短板效应”）。一只木桶想盛满水，必须每块木板都一样平齐且无破损，如果这只桶的木板中有一块不齐或者某块木板下面有破洞，这只桶就无法盛满水。对于安全生产的薄弱环节，要善于补短板，抓早抓小，提升总体安全生产水平。

6．“热炉法则”的内容如何理解？

答：热炉法则指的是当人用手去碰烧热的火炉时，就会受到“烫”的惩罚。每个企业都有规章制度，企业中的任何人触犯规章制度都要受到惩处。

（1）警告性原则，热炉火红，不用手去摸也知道炉子是热的，是会灼伤人的。

（2）实施原则，每当你碰到热炉，肯定会被灼伤。也就是说只要触犯企业的规章制度，就一定会受到惩处。

（3）即时性原则，当你碰到热炉时，立即就被灼伤。

（4）公平性原则，即不管谁碰到热炉，都会被灼伤。

7．“事故冰山理论”的内容如何理解？

答：造成死亡事故与严重伤害、未遂事件、不安全行为形成一个像冰山一样的三角形，一个暴露出来的严重事故必定有成千上万的不安全行为掩藏其后，就像浮在水面的冰山只是冰山整体的一小部分，而冰山隐藏在水下看不见的部分，却庞大得多。这表明：如果存在一个过程来识别、研究和纠正与轻微事件、疾病和财产损害事件及未遂事件相关的系统问题，就有可能预防严重事件和主要事件的发生，甚至杜绝重大事故的发生。

8．海因里希法则的内容如何理解？

答：海因里希法则又称海因里希安全法则、海因里希事故法则或海因法则，是美国著名安全工程师海因里希提出的300:29:1 法则。当一个企业有 300 个隐患或违章，必然要发生 29 起轻伤或故障，在这 29 起轻伤事故或故障的背后，必然还有 1 起重伤、死亡或重大事故，即 300:29:1 法则。这一法则完全可以用于企业的安全管理上，即在一件重大的事故背后必有 29 件“轻度”的事故，还有 300 件潜在的隐患。可怕的是对潜在性事故毫无觉察，或是麻木不仁，结果导致无法挽回的损失。了解海因里希法则的目的，是通过对事故成因的分析，让人们少走弯路，把事故消灭在萌芽状态。

9．海因里希事故因果连锁理论的主要内容是什么？

答：海因里希提出的事故因果连锁论，又称海因里希模型或多米诺骨牌理论，用以阐明导致伤亡事故的各种因素间及与伤害间的关系。该理论认为，伤亡事故的发生不是一个孤立的事件，尽管伤害可能在某瞬间突然发生，却是一系列事件相继发生的结果。

海因里希把工业伤害事故的发生发展过程描述为具有一定因果关系的事件的连锁，即

（1）人员伤亡的发生是事故的结果；

（2）事故的发生是由于人的不安全行为或物的不安全状态；

（3）人的不安全行为或物的不安全状态是由于人的缺点造成的；

（4）人的缺点是由于不良环境诱发或者是由先天的遗传因素造成的。

海因里希认为，事故发生是一连串事件按照一定顺序，互为因果依次发生的结果。例如，先天遗传因素或不良社会环境诱发——人的缺点——人的不安全行为或物的不安全状态——事故——伤害。这一事故连锁关系可以用多米诺骨牌来形象地描述。在多米诺骨牌系列中，一块骨牌被碰倒了，则将发生连锁反应，其余的几块骨牌相继被碰倒。如果移去中间的一块骨牌，则连锁被破坏，事故过程被中止。海因里希认为，企业安全工作的中心就是防止人的不安全行为，消除机械的或物质的不安全状态，中断事故连锁的进程而避免事故的发生。

10．博德现代因果连锁理论的主要内容是什么？

答：博德在海因里希事故因果连锁理论的基础上，提出了现代事故因果连锁理论。博德认为：事故的直接原因是人的不安全行为、物的不安全状态；间接原因包括个人因素及与工作有关的因素。根本原因是管理的缺陷，即管理上存在的问题或缺陷是导致间接原因存在的原因，间接原因的存在又导致直接原因存在，最终导致事故发生。博德的事故因果连锁过程的五个因素分别为：管理缺陷、个人及工作条件的原因、直接原因、事故、损失。

11．能量意外释放理论的主要内容是什么？

答：任何工业生产过程都是能量的转化或做功的过程。能量意外释放理论认为，工业事故及其造成的伤害或损坏，通常都是在生产过程中失去控制的能量转化和（或）能量做功的过程中发生的。

能量意外释放理论从事故发生的物理本质出发，阐述了事故的连锁过程：由于管理失误引发的人的不安全行为和物的不安全状态及其相互作用，使不正常的或不希望的危险物质和能量释放，并转移于人体、设施，造成人员伤亡和（或）财产损失，事故可以通过减少能量和加强屏蔽来预防。人类在生产、生活中不可缺少的各种能量，如因某种原因失去控制，就会发生能量违背人的意愿而意外释放或逸出，使进行中的活动中止而发生事故，导致人员伤害或财产损失。

12．轨迹交叉理论的主要观点是什么？

答：轨迹交叉理论是一种研究伤亡事故致因的理论。轨迹交叉理论的主要观点是，在事故发展进程中，人的因素运动轨迹与物的因素运动轨迹的交点就是事故发生的时间和空间，即人的不安全行为和物的不安全状态发生于同一时间、同一空间或者说人的不安全行为与物的不安全状态相通，则将在此时间、此空间发生事故。轨迹交叉理论作为一种事故致因理论，强调人的因素和物的因素在事故致因中占有同样重要的地位。按照该理论，可以通过避免人与物两种因素运动轨迹交叉，即避免人的不安全行为和物的不安全状态同时、同地出现，来预防事故的发生。

13．系统安全理论的主要观点是什么？

答：系统安全是指在系统生命周期内应用系统安全工程和系统安全管理方法，辨识系统中的隐患，并采取有效的控制措施使其危险性最小，从而使系统在规定的性能、时间和成本范围内达到最佳的安全程度。系统安全的基本原则就是在一个新系统的构思阶段就必须考虑其安全性的问题，制定并执行安全工作规划（系统安全活动），属于事前分析和预先的防护，与传统的事后分析并积累事故经验的思路截然不同。系统安全活动贯穿于整个系统生命周期，直到系统报废为止。

14. 杜邦公司安全文化的内容是什么？

答：杜邦公司认为，企业的安全文化是企业组织和员工个人的特性和态度的集中表现，这种集合所建立的就是安全拥有高于一切的优先权。在一个安全文化已经建立起来的企业，从高级至生产主管的各级管理层须对安全责任作出承诺并表现出无处不在的有感领导；员工个人须树立起正确的安全态度与行为；而企业自身须建立起良好的安全管理制度，并对安全问题和事故的重要性有一种持续的评估，对其始终保持高度的重视。

15. 杜邦公司安全文化分为几个阶段，是如何发展的？

答：杜邦安全文化建立的过程有 4 个阶段：自然本能阶段、严格监督阶段、独立自主管理阶段、团队互助管理阶段。

第一阶段自然本能阶段，企业和员工对安全的重视仅仅是一种自然本能保护的反应，缺少高级管理层的参与，安全承诺仅仅是口头上的，将职责委派给安全经理，依靠人的本能，以服从为目标，不遵守安全规程要罚款，所以不得不遵守。在这种情况下，事故率是很高的，事故减少是不可能的，因为没有管理体系，没有对员工进行安全文化培养。

第二阶段严格监督阶段，企业已建立起必要的安全系统和规章制度，各级管理层知道安全是自己的责任，对安全作出承诺。但员工意识没有转变时，依然是被动的，这是强制监督管理，没有重视对员工安全意识的培养，员工处于从属和被动的状态。从这个阶段来说，管理层已经承诺了，有了监督、控制和目标，对员工进行了培训，安全成为受雇的条件，但员工若是因为害怕纪律、处分而执行规章制度的话，是没有自觉性的。在此阶段，依赖严格监督，安全业绩会大大地提高，但要实现零事故，还缺乏员工的意识。

第三阶段独立自主管理阶段，企业已经有了很好的安全管理制度、系统，各级管理层对安全负责，员工已经具备了良好的安全意识，对自己的每个层面的安全隐患都十分了解，员工已经具备了安全知识，员工对安全作出了承诺，按规章制度标准进行生产，安全意识深入员工内心，把安全作为自己的一部分。

第四阶段团队互助管理阶段，员工不但自己遵守各项规章制度，而且帮助别人遵守；不但观察自己岗位上的不安全行为和条件，而且留心观察他人岗位上的；员工将自己的安全知识和经验分享给其他同事；关心其他员工的异常情绪变化，提醒安全操作；员工将安全作为一项集体荣誉。安全文化发展到第四阶段，员工就把安全作为个人价值的一部分，把安全视为个人成就。现在杜邦已经发展到团队互助管理阶段。

16. PDCA 循环是什么？

答：PDCA 是 Plan、Do、Check 和 Action 的缩写，其中：

P（Plan）——计划，确定方针和目标，确定活动计划。

D（Do）——执行，实地去做，实现计划中的内容。

C（Check）——检查，总结执行计划的结果，注意效果，找出问题。

A（Action）——行动，对总结检查的结果进行处理，成功的经验加以肯定并适当推广、标准化；失败的教训加以总结，以免重现。

17．安全生产风险管理体系中“SECP”各代表什么环节，如何理解？

答：对安全生产风险管理体系中各环节理解如下：

S 策划（scheme）：要素融入系统的全面性与充分性，管理流程/方式方法的适宜性，系统持续改进机制建立的适宜性。

E 执行（execution）：执行对象的全面性与充分性，人员能力与资源、政策匹配性。

C 依从（consistency）：执行过程的规范性与适宜性，执行结果的有效性。

P 绩效（performance）：系统运行有序/协调性，管理绩效/达到要素的管理目的，系统持续改进机制执行的有效性，标准的固化与质量。

18．风险评估主要有哪几类？

答：主要从以下 3 个方面开展风险评估：

（1）基准风险评估；

（2）基于问题的风险评估；

（3）持续的风险评估。

19．什么是基准风险评估？

答：根据生产系统特点、工作场所范围和具体的作业任务，评估电网、设备和作业中危害所产生的风险影响等级，为制订全局风险概述提供依据，为基于问题的风险评估提供输入。

20．什么是基于问题风险评估？

答：对高风险问题实施详细的评估研究，为管理层提供清楚的建议以有效地控制安全生产风险。

21．什么是持续风险评估？

答：及时辨识及处理日常工作中的危害，确保风险评估的持续改进。

22．安全生产过程中提出的“四不伤害”包括哪些内容？

答：安全生产过程中提出的“四不伤害”是指不伤害他人、不伤害自己、不被他人伤害、保护他人不被伤害。

23．安全生产过程中的“三违”现象是指什么？

答：安全生产过程中“三违”现象指违章作业、违章指挥和违反劳动纪律。

24．“三不一鼓励”管理是什么？

答：“三不一鼓励”是指对员工在电力生产过程主动报告的未遂事件和其他事件（非《调查规程》统计事件），实行“不记名、不处罚、不责备，鼓励主动暴露和管理”，引导和鼓励员工主动报告未遂事件，自主查找未遂事件的根本原因并及时纠正，消除风险并制定预防措施的管理过程。

25．安全生产管理提出的“三个组织体系”包括哪些内容？

答：安全管理“三个组织体系”是指安全责任体系、安全保障体系、安全监督体系。

26．隐患排查治理的“一线三排”是指什么？

答：“一线”是指坚守发展决不能以牺牲人的生命为代价这条不可逾越的红线；“三排”是指全面排查（全面、深入、彻底地组织排查，解决看不到风险、查不到隐患、不把隐患当回事的问题），科学排序（深入开展风险隐患排查治理的分析研判工作，分清轻重缓急，解决不把隐患当事故、隐患整治慢慢来以及“捡了芝麻丢了西瓜”的问题），以及有效排解（要对排查出来的重大风险、重大隐患严格执行挂牌警示、挂牌督办规定，解决只排查不整治、搞形式主义的问题）。

27．现场作业“三交三查”的内容有哪些？

答：“三交”指交任务、交技术、交安全；“三查”是指查衣着、查“三宝”（个人防护“三宝”指安全帽、安全带、安全鞋）、查精神状态。

28．施工现场“四清楚、四到位”的内容有哪些？

答：施工现场“四清楚”即任务清楚、程序清楚、管理清楚、安全措施清楚。施工现场“四到位”即人员到位、措施到位、执行到位、监督到位。

29．基建工程安全管理“五个严禁”的内容有哪些？

答：基建工程安全管理“五个严禁”是指：

（1）严禁非法转包、违规分包；

（2）严禁以包代管；

（3）严禁“皮包公司”、挂靠和借用资质施工队伍承包工程和入网施工；

（4）严禁未落实安全风险控制措施开工作业；

（5）严禁未经安全教育培训并合格的人员上岗作业。

30．安全评价的程序主要包括哪几步？

答：安全评价的程序主要包括以下内容：

（1）前期准备；

（2）辨识与分析危险、有害因素；

（3）划分评价单元；

（4）定性、定量评价；

（5）提出安全对策措施建议；

（6）作出安全评价结论；

（7）编制安全评价报告。

31．危险、有害因素辨识的主要内容有哪些？

答：危险、有害因素辨识的主要内容包括以下内容：

（1）厂址；

（2）总平面布置；

（3）道路运输；

（4）建（构）筑物；

（5）生产工艺；

（6）主要设备装置；

（7）作业环境；

（8）安全措施管理。

32．什么是双重预防机制？

答：双重预防机制是指“安全生产风险分级管控和隐患排查治理双重预防体系”，建立实施双重预防体系，核心是树立安全风险意识，关键是全员参与、全过程控制，目的是通过精准、有效管控风险，切断隐患产生和转化成事故的源头，实现关口前移、预防为主。

33．安全生产检查的目的是什么？安全生产检查的主要类型有哪些？

答：安全生产检查是生产经营单位安全生产管理的重要内容，通过安全生产检查，不断地堵塞管理漏洞，改善生产作业环境，规范作业人员的行为，摆正其工作重点是辨识安全生产管理工作存在的漏洞和死角，保证设备系统的安全、可靠运行，实现安全生产的目的。

安全生产检查的主要类型有以下几种：

（1）定期安全生产检查；

（2）经常性安全生产检查；

（3）季节性及节假日前后安全生产检查；

（4）专业（项）安全生产检查；

（5）综合性安全生产检查；

（6）职工代表不定期对安全生产的巡查。

34．安全生产检查的内容有哪些？

答：安全生产检查的内容根据类型，主要分为检查软件组织和硬件配套。其中，软件组织主要是查人员思想、查人员意识、查企业制度、查企业管理、查事故处理、查隐患排查及问题整改等方面；硬件配套主要是检查生产设备、查辅助设施、查安全设施、查生产场所作业环境等。

35．安全生产检查常用的方法有哪些？各有哪些特点？

答：安全生产检查常用的方法有以下内容：

（1）常规检查法。通常是由安全管理人员作为检查工作的主体，通过感观或者辅助一定的简单工具、仪器仪表等，及时发现现场存在的安全生产隐患并采取措施予以消除，纠正、制止人员的不安全行为。常规检查法主要依靠检查人员的经验和能力，检查结果容易受检查人员的安全素质影响。

（2）安全检查表。安全检查表由工作小组讨论制定，一般包括检查项目、检查内容、检查标准、检查结果及评价、检查发现问题等内容，能够使安全检查工作更加规范有序开展，同时能有效控制个人行为对检查结果的影响。

（3）仪器检查及数据分析法。对具有在线监视和记录的系统，可通过对数据的变化趋势进行分析得出结论。对没有在线数据检测系统的机器、设备、系统，只能通过仪器检查法来进行定量化的检验与测量。

36．什么是安全检查的“四不两直”？

答：安全检查的“四不两直”指不发通知、不打招呼、不听汇报、不用陪同接待、直奔基层、直插现场。

37．事故事件调查中“四不放过”的具体内容是什么？

答：事故事件调查与处理应坚持“四不放过”的原则，做到事故事件原因未查清不放过，责任人员未处理不放过，整改措施未落实不放过，有关人员未受到教育不放过。

38．什么是安全生产风险管理？什么是安全生产风险管理体系？

答：安全风险管理，是指识别生产过程中存在的危险、有害因素，运用定性或定量的统计方法确定其风险程度，进而确定风险控制措施办法的现代安全管理方式。

安全生产风险管理体系是一个管理体系，是安全方面引入风险管理思想的管理体系，管理体系实质上是通过运转来挖掘、解决管理中的问题，从而促进管理水平的不断提高。安全生产风险管理体系的建设和运转，都是通过周而复始地顺序执行“计划、执行、检查、改进”活动，实现安全生产管理水平的持续改进和提升。

39．建立安全生产风险管理体系的目的是什么？

答：安全生产风险管理体系是为了解决安全生产“为什么管、管什么”的问题，从管理理念、要求和方法上保障安全生产风险可控、在控。

40．安全生产风险管理的核心思想是什么？

答：安全生产风险管理体系是以风险控制为主线，以PDCA闭环管理为原则，以“基于风险，系统化、规范化和持续改进”为核心思想建立的一套安全生产管理框架。系统地提出了安全生产管理的内容和方法，指明了风险管控的目标、规范要求和管理途径，为管理与作业的规范化提出了具体的工作指导。体系强调事前风险分析与评估、事中落实控制措施、事后总结回顾与整改，最终达到风险超前控制和持续改进的目的，体现了系统防范风险，安全关口前移的管理特点，体现了“一切事故都可以预防的理念”。

41．如何理解安全生产风险管理的核心思想？

答：安全生产风险管理的核心思想是“基于风险，系统化、规范化和持续改进”。

基于风险：是工作目的，指我们做任何一项工作，都要清楚风险所在，清楚需要控制什么风险，其落脚点是风险识别与评估。

系统化：是思考问题的方法，指我们要控制好这些风险，应从哪些方面去控制，各方面的相互间逻辑关系如何，具体要做好哪些工作，其落脚点是管理脉络或流程。

规范化：是处理问题的方法与手段，指在做具体工作时，我们应采用什么方法或手段去控制风险，其落脚点就是标准化文件等执行载体。

持续改进：也是处理问题的方法与手段，指我们要对上述三个环节进行定期回顾总结，反思风险识别是否全面，管控内容是否全面，方法是否科学有效，并提出和落实相关的改进措施，其落脚点是建立问题发现及处理机制。

42．常用的安全管理体系有哪几种？

答：常用的安全管理体系有“南方电网安全生产风险管理体系”“五星安全系统（NOSA）”“SHE 安全管理体系”“核电防人因工具”等。

43．南方电网有限责任公司提出安全生产风险管理体系的背景是什么？

答：南方电网有限责任公司（以下简称南网公司）在 2003 年成立之初，便致力于运用现代安全管理手段，对传统电力安全管理进行完善和优化。从 2004 年开始，在遵义供电局、深圳供电局和珠海供电局正式启动安全生产风险管理体系建设试点工作。2008 年，在总结试点成功经验的基础上，正式出版《安全生产风险管理体系》。目前，安全生产风险管理体系在南网公司下属的所有生产经营单位全面推行，取得了良好的效果，为央企探索建立现代安全生产管理体系，做出了积极贡献。

44．如何理解五星安全系统（NOSA）？

答：NOSA 是南非国家职业安全协会（National Occupational Safety Association）的简称，成立于 1951 年 4 月 11 日。NOSA 五星管理系统是南非国家职业安全协会于 1951 年创建的一种科学、规范的职业安全卫生管理体系，现特指企业安全、健康、环保管理系统，其中文名称是“诺诚”，该系统是世界上具有重要影响并被广泛认可和采用的一种企业综合安全风险管理系统，它是专门针对人身安全而设计出来的一套比较完整的安全管理体系。

45．SHE 安全管理体系的由来？如何去理解？

答：1985 年荷兰壳牌石油公司首次在石油勘探开发领域提出强化安全管理的方法，1991 年壳牌公司委员会颁布 SHE 管理方针指南，随后 SHE 管理体系在全球范围内迅速展开，成为当前国际石油、石化行业广泛推行的一种管理方法。SHE 是 Safety、Health、Environment 的缩写，是指健康、安全与环境一体化的管理。与 ISO14000 环境管理体系、ISO9000 质量管理体系相比，SHE 管理体系增加了安全的内容。SHE 管理体系建立起一种通过系统化的预防管理机制，彻底消除各种事故、环境和职业病隐患，以便最大限度地减少事故、环境污染和职业病的发生，从而达到改善企业安全、环境与健康业绩的管理方法。

46．安全生产风险管理体系与五星安全系统（NOSA）、SHE 安全管理体系有什么不同？

答：五星安全系统（NOSA）主要是关注人身安全。而安全生产风险管理体系关注的“五要素”（人、系统、设备、环境、管理），丰富和发展了 NOSA 的风险控制的思想。后来的 SHE 安全管理体系，即“安健环”（安全、健康、环境），也只是围绕人的安全。安全生产风险管理体系不仅要考虑人的安全，还要考虑生产的安全、系统的安全、设备的安全、环境对人的影响。

47．如何理解综合管理体系里提到的“四标一体”？

答：综合管理体系里提到的“四标一体”就是指建立在 ISO9001、ISO14001、OHSAS18001、NOSA 五星安健环管理体系框架下的，以 GB/T 19001—2016《质量管理体系要求》标准为基础，融合 GB/T 24001—2016《环境管理体系　要求及使用指南》、CMB 253—2018《NOSA 综合五星系统指南》要求，实现质量、环境、职业健康安全一体化管理的综合管理体系。

48．核电企业防人因管理工具包括哪些内容？

答：核电企业防人因管理工具有：自我检查，监护，独立验证，三向交流，遵守程序，工前会、工后会，质疑的态度，不确定时暂停，工作交接，观察指导。

第四章 电力安全保障措施

1．安全生产过程中的危害有哪些？

答：危害是指可能导致伤害或疾病、财产损失、工作环境破坏或这些情况组合的条件或行为。危害主要分为9大类：

（1）物理危害：残旧、有裂纹的电杆，不平整的地面，不合格的脚扣，振动，噪声等；

（2）化学危害：通道内的浊气、电缆沟内的有害气体、六氟化硫气体、强酸、强碱等；

（3）机械危害：转动的起吊设备、运动的吊臂、地面移动设备等；

（4）行为危害：不按规定规程作业、酒后作业、穿越带电的低压线、不规范装拆接地线等；

（5）人机工效危害：工作空间不足、笨拙姿势、不方便操作的设备等；

（6）社会—心理危害：轮岗制、胁迫、监视的压力、家庭不和睦等；

（7）环境危害：灰暗的灯光，不足的照明，高温的天气，夜间作业、限制空间等；

（8）生物危害：细菌，昆虫，马蜂，病毒，医疗废料等；

（9）能源危害：核电，放射源，汽油，化学反应，电等。

2．开展危害辨识的主要环节有哪些？

答：开展危害辨识的主要包括以下3个环节：

（1）识别与评估对象相关的危害，确定危害名称、类别；

（2）识别危害分布情况及其特性，以及引发风险的条件；

（3）识别危害可能导致的风险后果。

3．常见的人身伤害有哪些？

答：常见的人身伤害有物体打击、车辆伤害、机械伤害、起重伤害、触电、淹溺、灼烫、火灾、高处坠落、坍塌、冒顶片帮、透水、放炮、火药爆炸、瓦斯爆炸、锅炉爆炸、容器爆炸、其他爆炸、中毒和窒息等。

4．电力系统作业典型的伤害有哪些？

答：电力系统作业典型的伤害有物体打击、高处坠落、起重伤害、触电、淹溺、机械伤害、灼烫伤、火灾、坍塌、车辆伤害、爆炸伤害、中毒和窒息。

5．涉及人身风险较大的典型作业有哪些？

答：涉及人身风险较大的典型作业有高处作业、起重作业、电气作业、接触危险化学品作业、密闭空间作业、交叉作业、热工作业、受限空间作业、交通运输作业、设备检修作业、挖掘作业。

6．安全生产的风险包括哪些范畴？

答：风险是指某一特定危害可能造成损失或损害的潜在性变成现实的机会。企业应针对危害可能导致的风险后果，确定其风险范畴，包括：人身风险、电网风险、设备风险、职业健康风险、环境影响风险、社会责任风险（含涉电公共安全风险）、信息安全风险。

7．开展危害辨识与风险评估的步骤有哪些？

答：企业应为危害辨识与风险评估提供必要的人、财、物及技术资源保障，并通过培训使员工掌握危害辨识与风险评估的方法，必要时邀请技术专家、相关方参与，或委托第三方进行，开展危害辨识与风险评估主要包括以下四个步骤：

（1）确定风险评估的对象；

（2）开展危害辨识；

（3）实施风险评估；

（4）制订风险控制措施。

8．开展风险评估的步骤有哪些？

答：开展风险评估主要包含以下5个步骤：

（1）确定风险范畴和细分风险种类；

（2）查找可能暴露于风险的人员、设备及其他信息；

（3）识别控制风险的现有措施，包括现有的管理措施和现场执行的防范措施；

（4）分析危害转化为风险的可能性、频率和后果的严重性；

（5）量化风险结果并划分风险等级。

9．开展持续风险评估的方法有哪些？

答：应运用以下方法开展持续风险评估，识别危害及其风险，及时采取控制措施：

（1）计划性任务观察；

（2）作业前风险评估；

（3）安全区代表检查；

（4）日常巡查；

（5）交接班检查；

（6）设备及工器具使用前检查；

（7）安全技术交底；

（8）体系审核。

10．危害辨识及风险评估的对象主要有哪些？

答：开展危害辨识与风险评估的范围应涵盖所有工作场所及生产活动过程，危害辨识及风险评估的对象主要有：

（1）电网运行安全风险；

（2）设备运行安全风险；

（3）作业安全风险；

（4）工程建设安全风险；

（5）物资管理安全风险；

（6）用户侧管理安全风险；

（7）后勤保障安全风险；

（8）环境与职业健康风险。

11．基准风险评估需要考虑哪些因素？

答：企业应进行全面的基准风险评估，作为安全生产风险管控和持续改进的基准，结合实际选择或研究合适的风险评估方法，并确保方法的一致、可重复性和可审核性。同时，为确保评估的全面性、充分性和准确性，需考虑以下因素：

（1）评估的技术和方法；

（2）法律法规和标准要求；

（3）社会责任；

（4）相关方的要求；

（5）外部环境；

（6）现有的管理方法和措施；

（7）常规和非常规情况；

（8）历史事故/事件的回顾。

12．制定风险控制措施时应考虑哪些因素？

答：企业应按照确定的风险控制方法，制定风险控制措施，重大的风险问题及其控制措施建议应及时提交安全生产委员会审议，在制定风险控制措施时应考虑以下因素：

（1）针对性与可行性；

（2）可操作性；

（3）有效性；

（4）经济性；

（5）资源性；

（6）控制措施可能带来的新风险。

13．风险数据库应包括哪些信息？

答：企业应基于基准风险评估结果建立各类风险评估对象的风险数据库，且定期或在生产条件风险状况等发生变化时，对风险数据库进行动态更新，确保与生产实际一致。风险数据库至少包括以下信息：

（1）存在风险的区域、活动或事件、设备、电网；

（2）危害名称及信息描述；

（3）风险的种类与范畴；

（4）产生风险后果的条件及风险后果信息；

（5）风险值及其对应风险等级；

（6）可能暴露于风险的人员、设备及其他信息；

（7）现有及建议控制措施；

（8）措施的经济性和有效性判断。

14．风险防控的方法主要有哪些？

答：风险防控的方法主要有：

（1）消除/停止，停止风险工作可以从设计上采取措施，从根本上根除存在的危害，充分避免可能的风险。

（2）转移，通过保险或委托专业队伍、人员作业、从而降低可能产生的风险。

（3）替代，用其他工作程序代替原有的，或用其他的风险较低的物质代替原有的高风险物质。

（4）工程/隔离，通过工程改造或其他隔离方法，改善作业环境、设施、减少人员接触风险的机会，从而减低风险。

（5）行政管理，通过行政管理手段，如设计标准、培训、巡查等方法，以保证工作人员在工作中避免可能的安全生产风险。

（6）个人防护用品（PPE），提供人员必需的安全防护装备，减低人员的安全生产风险，这是风险控制的最后手段。

15．保证安全的组织措施工作流程中的重要节点有哪些？

答：保证安全的组织措施工作流程中的重要节点如图 4-1 所示。

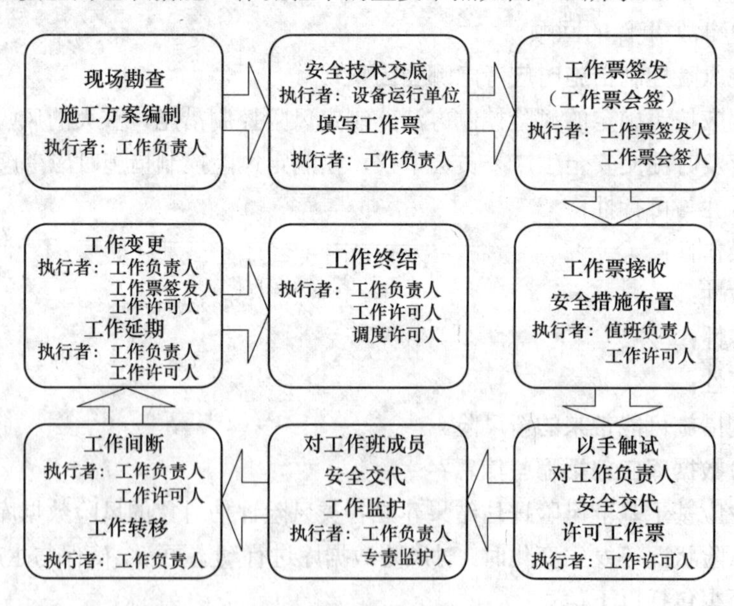

图 4-1　重要节点图

16．现场勘察主要包括哪些内容？

答：现场勘察应查看检修（施工）作业需要停电的范围、保留的带电部位、装设接地线的位置、邻近线路、交叉跨越、多电源、自备电源、地下管线设施和作业现场的条件、环境及其他影响作业的危险点。现场勘察应参考站内一次、二次接线图，具备条件的还应参考平面图。根据工作任务和平面图在工作现场确定工作范围，并且确定需停电的断路器、隔离开关，需合上的接地开关以及需要装设临时接地线的位置等，其中装设临时接地线的位置应满足施工需要，且能安全有效地落实。根据施工作业方法确认现场作业条件，如作业现场使用吊车，应确定吊车停放位置，并根据吊臂长度及活动范围计算与现场其他运行设备的安全距离，安全距离不足的设备应配合停电。

17．现场实际情况与原勘察结果发生变化时应如何处理？

答：开工作业前，工作负责人或工作许可人必须检查现场实际情况与原勘察结果是否一致，为防止不适用的措施、不充分的管控手段带来的风险，工作负责人必须按现场实际进行修正和完善；若施工方案不满足的，需要进行修编履行审批手续；若施工方案满足，而具体某项工作的安全不满足现场工作要求的，已经开具工作票的，应重新办理工作票。

18．制定工作方案注意事项有哪些？

答：工作方案编制应根据现场勘察结果制定，具备针对性、可操作性的措施，严禁未经现场勘察提前编写、套用，主要包括以下内容：

（1）施工组织措施应明确施工管理组织架构和应急组织架构，包含项目业主方和承包商方相关人员，并明确需履行的管理职责。

（2）施工安全措施应根据作业任务，从站内一次设备、二次设备、计量设备、站用交直流设备、其他（消防、 五防、土建、建筑物等）等方面的安全措施进行考虑。

（3）施工技术措施应明确各施工作业步骤的施工作业方法、使用的作业机械及作业工具、对各作业步骤中的人身风险、电网风险、设备风险、环境及职业健康风险进行识别评估、并制定预控措施。

19．安全交代主要包括哪些内容？

答：安全交代内容应包括工作任务、每名作业人员的任务分工、作业地点及范围、设备停电及安全措施、工作地点保留的带电部位及邻近带电设备、作业环境及风险、其他注意事项。对于可能发生的电力人身事故事件、电力设备事故事件、电力安全事故事件风险和风险控制措施必须进行交代。

20．使用线路工作票或带电作业工作票时，工作负责人（监护人）对工作班组所有人员或工作分组负责人如何履行安全交代手续？

答：若不分组工作时，工作负责人（监护人）应在得到工作许可人的许可后，作业前召开现场工前会，集中对工作班组所有人员进行安全交代。交代内容包括工作任务及分工、作业地点及范围、作业环境及风险、安全措施及注意事项。被交代人员应准确理解所交代的内容，并签名确认和填写安全交代时间。若分组工作时，可分步进行安全交代，具体步骤如下：

第一步：工作负责人（监护人）对工作分组负责人进行安全交代，可分成两次进行。第一次是在作业前召开现场工前会，由工作负责人（监护人）对工作分组负责人进行安全交代。交代内容包括工作任务及分工、作业地点及范围、作业环境及风险、安全注意事项。被交代人员应准确理解所交代的内容，并签名确认。第二次是在得到工作许可后，作业前由工作负责人电话对工作分组负责人进行补充安全交代。交代内容包括工作票“工作要求的安全措施”实施情况、带电部位、分组应采取的安全措施及其他安全注意事项。

被交代人员应准确理解所补充交代的内容，并互代填写安全交代时间。

第二步：工作分组负责人（监护人）对分组人员进行安全交代。工作负责人（监护人）对工作分组负责人（监护人）完成两次安全交代后，工作分组负责人（监护人）在作业前召开现场工前会，集中对分组人员进行安全交代。交代内容包括工作任务及分工、作业地点及范围、作业环境及风险、安全措施及注意事项（含工作负责人对工作分组负责人两次安全交代的内容）。被交代人员应准确理解所交代的内容，并签名确认和填写安全交代时间。

21．工作票涉及人员应该具备哪些基本要求？

答：工作票涉及人员应该具备以下基本要求：

（1）工作票签发人、工作票会签人应由熟悉人员安全技能与技术水平，具有相关工作经历、经验丰富的生产管理人员、技术人员、技能人员担任；

（2）工作负责人（监护人）应由熟悉工作班人员安全意识与安全技能及技术水平，具有充分与必要的现场作业实践经验，及相应管理工作能力的人员担任；

（3）工作许可人应具有相应且足够的工作经验，熟悉工作范围及相关设备的情况；

（4）专责监护人应具有相应且足够的工作经验，熟悉并掌握本规程，能及时发现作业人员身体和精神状况的异常；

（5）工作班人员应具有较强的安全意识、相应的安全技能及必要的作业技能；清楚并掌握工作任务和内容、工作地点、危险点、存在的安全风险及应采取的控制措施。

22．工作票签发人主要包括哪些职责？

答：工作票签发人主要包括以下职责：

（1）确认工作必要性和安全性；

（2）确认工作票所列安全措施是否正确完备；

（3）确认所派工作负责人和工作班人员是否适当、充足。

关注点：工作票签发人必须具备工作票签发资格，签发本单位工作班组工作票，严禁无资格和专业不相关人员签发；工作票签发人应由熟悉人员安全技能与技术水平，具有相关工作经历、经验丰富的生产管理人员、技术人员、技能人员担任；工作票签发人根据工作需要、工作环境、工作条件、人员状况、检修工艺、检修工期等情况，对工作的必要性、工作安全措施完备、工作负责人以及工作成员是否能足够完成本工作等因素进行确认。

23．工作票会签人主要包括哪些职责？

答：工作票会签人主要包括以下职责：

（1）审核工作必要性和安全性；

（2）审核工作票所列安全措施是否正确完备；

（3）审核外单位工作人员资格是否具备。

关注点：工作票在外单位签发后，由设备运维单位进行会签；工作票会签人根据工作需要、工作环境、工作条件、检修工艺、检修工期等情况，审核工作的必要性、工作安全措施完备；工作票会签人作为设备运维单位人员，应按照施工方案、施工人员资格通知文件和身份证明，对外单位施工人员资格进行审核。

24．工作负责人（监护人）主要包括哪些职责？

答：工作负责人（监护人）主要包括以下职责：

（1）亲自并正确完整地填写工作票；

（2）确认工作票所列安全措施正确、完备，符合现场实际条件，必要时予以补充；

（3）核实已做完的所有安全措施是否符合作业安全要求；

（4）正确、安全地组织工作，工作前应向工作班全体人员进行安全交代；关注工作人员身体和精神状况是否正常以及工作班人员变动是否合适；

（5）监护工作班人员执行现场安全措施和技术措施、正确使用劳动防护用品和工器具，在作业中不发生违章作业、违反劳动纪律的行为。

关注点：工作负责人亲自并正确完整地填写工作票。工作负责人根据现场勘察结果、安全技术交底情况，正确识别风险，填写工作所需并符合现场作业安全的工作条件。检查工作安全措施的落实情况。在作业开展前，会同工作许可人检查工作票所列的安全措施是否完备和许可人所做安全措施是否符合现场实际，并确认是否满足开工条件，如安全措施不满足，工作负责人可拒绝开展工作。作业前，工作负责人（监护人）应召开现场工前会，由工作负责人（监护人）对工作班组所有人员或工作分组负责人、工作分组负责人（监护人）对分组人员进行安全交代。交代内容包括工作任务及分工、作业地点及范围、作业风险、安全措施及注意事项，被交代人员应准确理解所交代的内容，并签名确认。 作业中，督促和监护工作班人员遵守规章制度，正确执行安全措施和技术措施。作业完成后，会同工作许可人对工作完成情况进行检查，并确认工作具备结束条件后，办理工作终结手续。

25．值班负责人主要包括哪些职责？

答：值班负责人主要包括以下职责：

（1）审查工作的必要性；

（2）审查检修工期是否与批准期限相符；

（3）对工作票所列内容有疑问时，应向工作票签发人（或工作票会签人）询问清楚，必要时应作补充；

（4）确认工作票所列安全措施是否正确、完备，必要时应补充安全措施；

（5）负责值班期间的电气工作票、检修申请单或规范性书面记录过程管理。

关注点：值班负责人综合考虑现场的工作条件、施工进度、天气条件等因素，对该工作是否能正常开展进行审核。检查工作的计划时间是否在批准的计划时间内。值班负责人负责审核工作票所列的安全措施是否正确，必要时可以向工作负责人、签发人（会签人）咨询和提出补充意见，在审票时发现未按要求填写工作票、工作票填写错误或不明确的，应拒收工作票。

26．工作许可人主要包括哪些职责？

答：工作许可人主要包括以下职责：

（1）接受调度命令，确认工作票所列安全措施是否正确、完备，是否符合现场条件；

（2）确认已布置的安全措施符合工作票要求，防范突然来电时安全措施完整可靠，按本规程规定应以手触试的停电设备应实施以手触试；

（3）在许可签名之前，应对工作负责人进行安全交代。四是所有工作结束时，确认工作票中本厂站所负责布置的安全措施具备恢复条件。

关注点：工作票完成值班负责人接收后，由厂站工作许可人进行工作票的许可工作。工作许可人需要落实工作票所列的安全措施。若工作需调度批准的，工作许可人在接收调度开工申请批准后进行许可工作；工作无需调度批准的，则由许可人按照工作要求开展许可工作。在安全措施完成后，工作许可人对工作负责人的安全交代。工作许可人需要对工作票的安全措施与工作负责人进行确认和交代，如交代安全措施的布置情况、工作中的注意事项、存在危险点与带电部位等，必要时按照本规程对停电设备进行以手触；在完成安全交代后，方可进行工作许可签名工作。在工作完成后，工作许可人需要对工作完成情况进行检查，并确认工作具备结束条件后，方可进行工作终结。

27．线路工作许可人主要指哪些人员，包括哪些职责？

答：线路工作许可人指值班调度员、厂站值班员、配电（监控中心）值班员或线路运行单位指定的许可人。主要职责包括两方面：

（1）确认调度负责的安全措施已布置完成或已具备恢复条件；

（2）对许可命令或报告内容的正确性负责。

28．专责监护人有哪些注意事项？

答：专责监护人需要注意以下事项：

（1）专责监护人由工作负责人指派，从事监护工作，不得直接参与工作，以免工作失去监护；

（2）工作负责人在开工前必须向专责监护人明确监护的人员、安全措施的布置情况、工作中的注意事项、存在危险点与带电部位以及工作内容；

（3）作业前，专责监护人对被监护人员交代监护内容涉及的作业风险、安全措施及注意事项；作业中，不得从事与监护无关的事情，确保被监护人员遵章守纪；监护内容完成后，监督将作业地点的安全措施恢复至作业前状态，并向工作负责人汇报。

关注点：专责监护人由工作负责人指派，从事监护工作，不得直接参与工作，以免工作失去监护；工作负责人在开工前必须向专责监护人明确监护的人员、安全措施的布置情况、工作中的注意事项、存在危险点与带电部位以及工作内容；作业前，专责监护人对被监护人员交代监护内容涉及的作业风险、安全措施及注意事项；作业中，不得从事与监护无关的事情，确保被监护人员遵章守纪；监护内容完成后，监督将作业地点的安全措施恢复至作业前状态，并向工作负责人汇报。

29．工作班（作业）人员主要包括哪些职责？

答：工作班（作业）人员主要包括以下职责：

（1）熟悉工作内容、流程，掌握安全措施，明确工作中的危险点，并履行签名确认手续；

（2）遵守各项安全规章制度、技术规程和劳动纪律；

（3）服从工作负责人的指挥和专责监护人的监督，执行现场安全工作要求和安全注意事项；

（4）发现现场安全措施不适应工作时，应及时提出异议；

（5）相互关心作业安全，不伤害自己，不伤害他人，不被他人伤害和保护他人不受伤害；

（6）正确使用工器具和劳动防护用品。

30．工作票涉及人员兼任有哪些要求？

答：工作票涉及人员兼任需满足以下要求：

（1）保证工作票安全的组织措施，必须保证三种人（工作负责人、工作票签发人、工作许可人）各司其职，工作的安全措施完备和正确；

（2）工作票签发人、工作负责人禁止相互兼任，工作许可人不得兼任工作票签发人（会签人）、工作班成员。三是配电作业运检一体，工作票签发人可由工作许可人兼任，但工作许可人和工作负责人不得相互兼任。除此情况外，工作许可人不应签发工作票或担任工作班成员。

31．外单位在填写工作票前，应由运行单位对外单位进行书面安全技术交底，外单位如何定义？

答：“外单位”的定义：与设备所属单位无直接行政隶属关系，从事非生产运行维护职责范围内工作的设备、设施维护工作或基建施工的单位。外单位划分要关注与设备所属单位的隶属关系以及运行维护职责归属，具体如图 4-2 所示。

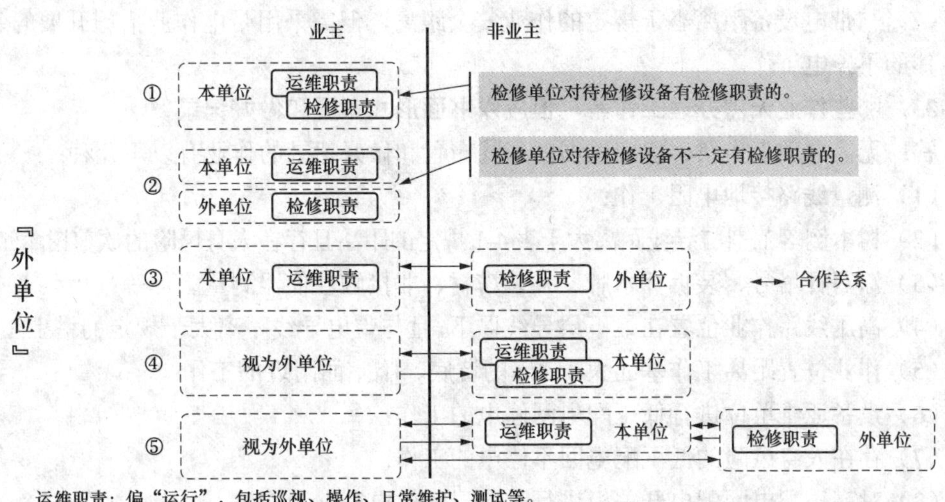

图 4-2　外单位与设备所属单位的隶属关系和运行维护职责归属

①——该单位与设备所属单位有直接行政隶属关系，负责日常运维职责和检修职责，属于本单位。

如：某变电管理所对分管辖区内的设备进行运维和检修的作业，则作业班组人员为本单位人员。

②——该单位与设备所属单位无直接行政隶属关系，只有检修职责无运维职责的，属于外单位。

如：某A变电管理所有220kV电力设备进行日常检修任务，但由于人员不足，由B变电管理所安排人员接受该作业任务，此作业人员为外单位人员，属于“系统内”的外单位人员，跨公司、局、所作业的人员同理。

③——该单位与设备所属单位无直接行政隶属关系，通过检修业务的合同关系，承接了设备的检修等业务，该单位是外单位。

如：某变电管理所有220kV电力设备进行日常检修任务，工程通过外委方式委托某承包商工作，此承包商作业人员为外单位人员。

④——该单位与设备所属单位无直接行政隶属关系，通过委托关系获得设备的运维职责和检修职责的，该单位属于本单位，而委托方如需要进行运维和检修的作业，则视为外单位。

如：500kV罗洞站的资产为超高压公司资产，设备运维、检修业务已委托佛山供电局进行维护，则超高压公司作业人员进500kV罗洞站进行作业的人员为外单位人员。

⑤——A单位、B单位与设备所属单位无直接行政隶属关系，A单位通过委托关系获得设备的运维职责，而B单位通过委托关系获得设备检修职责，则委托方以及B单位进行运维和检修的作业，属于外单位。

32．哪些工作需选用带电作业工作票？

答：以下工作需选用带电作业工作票：

（1）高压设备带电作业；

（2）与带电设备距离小于规定的作业安全距离，但需采用带电作业措施开展的邻近带电体的不停电工作。

33．哪些作业无需办理工作票，但应以书面形式布置和做好记录？

答：无需办理工作票，但应以书面形式布置和做好记录的作业有以下几种：

（1）测量线路接地电阻工作；

（2）树木倒落范围与导线距离大于表4-1规定的距离且存在人身风险的砍剪树木工作；

（3）涂写杆塔号、装拆标示牌、补装塔材、非接触性仪器测量工作等；

（4）高压线路作业位置在最下层导线以下，且与带电导线距离大于规定的塔上工作；

（5）作业位置距离工作基面大于2m的坑底、临空面附近的工作；

（6）设备运维单位进行低压配电网停电的工作；

（7）存在人身风险的低压配电网不停电的工作；

（8）对高压配电网配电开关柜进行带电局部放电测试工作；

（9）客观确实不具备办理紧急抢修工作票条件，经地市级单位负责人批准，在开工前应做好安全措施，并指定专人负责监护的紧急抢修工作。

表4-1　邻近或交叉其他电力线路工作的安全距离

电压等级（kV）	10及以下	20、35	66、110	220	500	±50	±500	±660	±800
安全距离（m）	1	2.5	3	4	6	3	7.8	10	11.1

注　1. 表中未列电压等级按高一档电压等级安全距离。
2. 表中数据是按海拔1000m校正的。

34. 哪些工作票应在工作前一日送达许可部门？

答：应在工作前一日送达许可部门的工作票有以下几种：

（1）第一种工作票；

（2）需停用线路重合闸或退出再启动功能的带电作业工作票或线路第二种工作票；

（3）低压配电网工作票。

35. 调度命令票所列人员的安全责任有哪些？

答：（1）操作人的安全责任有：

1）按照电网实时运行方式、调度检修申请单的有关方式和现场安全措施的要求正确完整地填写调度命令票。

2）按照调度命令票内容正确无误地进行操作。

3）随时掌握现场的实际操作情况与调度命令票要求一致。

（2）审核人（监护人）的安全责任有：

1）审核操作人填写的调度命令票。

2）全程监护操作人正确无误地操作。

3）操作过程中出现疑问和异常，必要时及时汇报值班负责人。

（3）值班负责人的安全责任有：

1）负责审批调度命令票。

2）负责操作过程管理及审查最终操作结果。

3）对操作中出现的重大异常情况及时协调处理。

（4）受令人（回令人）的安全责任有：

1）正确无误地接受、理解调度命令和汇报执行情况。

2）正确无误地执行调度命令或将调度命令传递至操作任务的相关负责人。

3）当现场操作出现异常情况时，应及时汇报调度操作人并协调处理。

36. 电气操作票所列人员的安全责任有哪些？

答：（1）操作人的安全责任有：

1）掌握操作任务，正确无误地填写操作票。

2）正确执行监护人的操作指令。

3）在操作过程中出现疑问及异常时，应立即停止操作，确认清楚后再继续操作。

（2）监护人的安全责任有：

1）审核操作人填写的电气操作票。

2）按操作票顺序向操作人发布操作指令并监护执行。

3）在操作过程中出现的疑问及异常时汇报值班负责人。

（3）值班负责人的安全责任有：

1）指派合适的操作人和监护人。

2）负责审批电气操作票。

3）负责操作过程管理及审查最终操作结果。

4）对操作中出现的异常情况及时协调处理。

（4）发令人的安全责任有：

1）调度管辖设备操作时，与调度命令票操作人的职责一致。

2）集控中心发令人转达调度命令给现场操作人员发令时，应正确完整地传递调度命令，并随时掌握现场实际操作情况与操作命令要求一致。

3）厂站管辖设备操作时，根据工作安排正确完整地发布操作指令，并随时掌握现场实际操作情况与操作指令要求一致。

（5）受令人的安全责任有：

1）调度管辖设备操作时，与调度命令票受令人的职责一致。

2）站管辖设备操作时，正确接受、理解操作指令和汇报执行情况；正确无误地执行操作指令或将操作指令传递至操作任务的相关负责人；当现场操作出现异常情况时，应及时汇报发令人并协调处理。

37．执行操作票“三禁止”和“三检查”分别指什么？

答：执行操作票操作中“三禁止”：禁止监护人直接操作、禁止有疑问时盲目操作、禁止边操作边做其他无关事项；操作后应“三检查”：检查操作质量、检查运行方式、检查设备状况。“三检查”中，检查操作质量是指：对操作后的设备状态变化，包括断路器、隔离开关、接地开关等的现场位置及指示，监控后台设备变位信号及告警信号，各设备箱体柜门、工器具、现场整理等均正常。检查运行方式是指：对照调度命令和操作任务检查现场和监控后台运行方式符合要求。检查设备状况是指：检查操作设备的运行状况，包括设备外观、仪表指示、潮流负荷等均正常。

38．单相隔离开关和跌落式熔断器的操作顺序是什么？

答：三相水平排列者，停电时应先拉开中相，后拉开边相；送电操作顺序相反。大风时先拉开下风相，再拉开中间相，后拉开上风相；送电操作顺序相反。三相垂直排列者，停电时应从上到下拉开各相；送电操作顺序相反。

39．动火区域如何划分？

答：一级动火区，是指火灾危险性很大，发生火灾时后果很严重的部位、场所或设备，包括油区和油库围墙内；油管道及与油系统相连的设备，油箱（除此之外的部位列为二级动火区域）；危险品仓库内；变压器等注油设备、蓄电池室（铅酸）；其他需要纳入一级动火区管理的部位。

二级动火区，是指一级动火区以外的所有防火重点部位、场所或设备及禁火区域，包括油管道支架及支架上的其他管道；动火地点有可能火花飞溅落至易燃易爆物体附近；电缆沟道（竖井）内、隧道内、电缆夹层；调度室、控制室、通信机房、电子设备间、计算机房、档案室；其他需要纳入二级动火区管理的部位。

40．不合格工作票判断依据有哪些？

答：（1）错用工作票，如：应办理发电/变电工作票的办理了电力线路工作票；应办理第一种工作票的工作办理了第二种工作票等。

（2）计划工作时间超出计划停电时间或已过期。

（3）工作票关键词字迹不清、错漏。关键词有：①断路器、隔离开关、接地开关、保护压板等设备的名称和编号、接地线安装位置；②断开、拉开、合上、投上、取下、短接、拆除、投入、装设、插入、悬挂；③有关设备编号的阿拉伯数字，甲、乙，一、二，Ⅰ、Ⅱ，A、B等；④工作许可时间、工作终结时间。

（4）工作票非关键词的错、漏的修改超过3处。

（5）工作票面工作班人名、人数与实际不符。

（6）工作任务、停电线路名称（包括电压等级及名称）、工作地段、设备双重编号填写不明确、错漏，工作内容与实际不符。

（7）安全措施不完备或填写不正确。如：漏、错填应拉断路器、隔离开关；漏、错填应装设接地线、应合接地开关；漏、错填应设遮栏、应挂标示牌及防止二次回路误碰等措施；漏、错填工作地点保留带电部分或注意事项；应挂的标示牌漏挂或错挂；应按规定设置遮拦未设或设置不当；应设接地线不符合现场安全要求、所设位置不明确、无编号；应停用重合闸而未停用的；其他安全措施不当的情况（含措施不可控，工作存在安全隐患等）。

（8）应“双签发”的工作票没有“双签发”。

（9）工作许可时间未填写。

（10）工作负责人有变更时未办理变更手续。

（11）应办理延期的工作未按要求办理工作延期手续，需办理工作间断手续的未办理或记录不全。

（12）未经许可人同意擅自增加工作内容；增加工作内容时需变更或增设安全措施者，未重新办理工作票。

（13）工作终结栏的内容应填写的无填写。

（14）工作过程中需要变更安全措施时，未经许可人签名同意。

（15）一个工作负责人同一许可工作时段持有两张或以上的工作票。

（16）工作票中工作票签发人（包括会签人）、工作负责人、工作许可人不具备资格的，或冒签名、漏签名、签名不全。

41．不规范工作票判断依据有哪些？

答：（1）工作票非关键词错、漏的修改在3处及以内的。

（2）工作票编号漏填或填写不规范。

（3）未按规定盖“工作终结”章或盖错章。

（4）应与工作票一同保存的安全技术交底单、二次设备及回路工作安全技术措施单、附页等，未与工作票一同保存。

（5）工作票上使用的技术术语不规范。

（6）工作票上的各类时间没有按24小时制填写。

42．不合格操作票判断依据有哪些？

答：（1）操作票无编号或编号不正确，续页时没有填写下接操作票编号或编号错漏。

（2）一份操作票超过一个操作任务，以下情况除外：一是同一启动方案的设备、变电站启动的操作。二是按同一调度令进行的220kV及以下电压等级两回或以上两端厂站对应相同的线路停送电，如果线路起止状态完全相同，允许合并为一个操作任务。三是按同一调度令进行的10kV多回线路同时停（送）电的操作。四是按同一调度综合令进行的同一段10kV母线多个间隔停（送）电的操作；按同一调度综合令进行的500kV变电站同一段35kV母线多个间隔停（送）电的操作。五是对于变压器及其各侧开关同时由运行状态转为检修（冷备用）状态或由检修（冷备用）状态转为运行状态的操作。

（3）操作任务不明确或不正确，操作任务和项目中设备名称不按规定填写双重名称。

（4）操作项目有漏项。

（5）操作项目顺序原则错误。

（6）装接地线（合接地开关）前或检查绝缘前有条件进行验电的没写“验电”，或没有指明验电地点，或验电地点错误。

（7）装接地线（合接地开关）前没有条件进行验电，未使用在线监测设备（如带电显示装置）或其他技术手段确认设备不带电。

（8）装、拆接地线没有写明装、拆地点，或该地点与对应的验电项目中填写的地点不一致。

（9）接地线无编号；或电脑打印的停电操作票中接地线编号提前用电脑打印的；现场所装设的接地线的编号与操作票中不一致。

（10） 操作票已执行的操作项操作“√”栏未作“√”记号；因故未执行的操作项操作“√”栏未盖“此项未执行”印章。

（11）操作票中操作开始日期、操作结束日期、发令时间、完成时间其中之一没有填写或填写错误。

（12）字迹不清、涂改；操作票中有错字、别字、漏字；或电脑打印操作票手工修改、添加。

（13）操作票上所签名的各类人员的资格不符。

（14）操作人、操作监护人和值班负责人没有签名的，或使用没有权限的电子签名，或使用电话签名但没有录音。

（15）操作票生成时间晚于操作开始时间，且不能提供合理解释的。

43．不规范操作票判断依据有哪些？

答：（1）不用蓝、黑色圆珠笔或钢笔填写，电脑打印操作票不按照南方电网《电气操作导则》规定的标准打印；

（2）操作票中有签名，但签名不完整、不正确；

（3）在有录音的情况下，操作票中发令单位、发令人、受令人、电话签名的值班负责人其中之一没有填写、填写错误或填写不符合逻辑；

（4）操作票未按规定使用操作术语进行填写，但意思相同；

（5）操作票盖章处没有按照南方电网公司《电气操作导则》规定盖“已执行”“未执行”或“作废”印章，或盖错印章；

（6）盖“此项未执行”印章但未在备注栏注明原因；

（7）打印操作票操作项目之间有空行；

（8）其他不符合《电力安全工作规程》和南方电网公司《电气操作导则》规定，但不会引发事故/事件者。

44．工作许可有哪些命令方式？

答：工作许可有以下命令方式：

（1）当面下达；

（2）电话下达；

（3）派人送达；

（4）信息系统下达。

45．工作许可有哪些基本要求？

答：工作许可有以下基本要求：工作票按设备调度、运维权限办理许可手续。涉及线路的许可工作，应按照“谁调度，谁许可；谁运行，谁许可”的原则。

46．工作延期有哪些注意事项？

答：工作需要延期时，应经工作许可人同意并办理工作延期手续。第一种工作票应在工作批准期限前2小时（特殊情况除外），由工作负责人向工作许可人申请办理延期手续。除紧急抢修工作票之外的只能延期一次。

47．作业现场“5S”具体包含哪些内容？

答：“5S”安全管理法是指对生产现场的各种要素进行合理配置和优化组合的动态过程，即令所使用的人、财、物等资源处于良好的、平衡的状态。“5”即整理、整顿、清扫、清洁、素养，又被称“五常法则”或“五常法”。整理，就是将工作场所收拾成井然有序的状态。整顿，就是明确整理后需要物品的摆放区域和形式，即定置定位。清扫，就是大扫除，清扫一切污垢、垃圾，创造一个明亮、整齐的工作环境。清洁，就是要维持整理、整顿、清扫后的成果，认真维护和保持在最佳状态，并且制度化，管理公开化、透明化。素养，就是提高人的素质，养成严格执行各种规章制度、工作程序和各项作业标准的良好习惯和作风，这是“5S”活动的核心。“5S”活动中5个部分不是孤立的，它们是一个相互联系的有机整体。整理、整顿、清扫是进行日常“5S”活动的具体内容；清洁则是对整理、整顿、清扫工作的规范化和制度化管理，以便使其持续开展；素养是要求员工建立自律精神，养成自觉进行“5S”活动的良好习惯。

48．保障电力作业安全的“十个规定动作”的内容有哪些？

答：保障电力作业安全的“十个规定动作”是指凭票工作、凭票操作、戴安全帽、穿工作服、系安全带、停电、验电、接地、挂牌装遮拦、现场交底。

49．基建施工现场安全“四步法”的内容有哪些？

答：基建施工现场安全“四步法”分别是：作业指导书、风险评估与控制、安全施工作业票和站班会。

50．作业现场目视化管理有哪些内容？

答：目视化管理就是通过安全色、标签、标牌等方式，明确人员的资质和身份、工器具和设备设施的使用状态，以及生产作业区域的危险状态的一种现场安全管理方法，它具有视觉化、透明化和界限化的特点。目视化管理是利用形象直观而又色彩适宜的各种视觉感知信息来组织现场生产活动，达到提高劳动生产率的一种管理手段，也是一种利用视觉来进行管理的科学方法。目视化管理的目的是通过简单、明确、易于辨别的安全管理模式或方法，强化现场安全管理，确保工作安全，并通过外在状态的观察，达到发现人、设备、现场的不安全状态。作业现场目视化管理包括人员目视化管理、工器具目视化管理、设备设施目视化管理和生产作业区域目视化管理。目视化管理是一种以公开化和视觉显示为特征的管理方式，也可称为看得见的管理或一目了然的管理，这种管理方式可以贯穿于各种管理领域当中。

51．事故紧急处理如何定义？

答：事故紧急处理是指在发生危及人身、电网及设备安全的紧急状况或发生人身、电网和设备事故时，为迅速解救人员、隔离故障设备、调整运行方式，以便迅速恢复正常运行的操作。

52．什么是“保命教育”？

答：“保命教育”是以杜绝人身伤亡为目标，以作业风险为导向，通过对输、变、配、营、建、调等各专业现场作业及作业直接管理或指挥过程中，存在触电、高坠、物击等人身安全风险的一线生产人员，开展案例分享、违章研讨、实操体验等多种形式的安全意识教育和“保命”技能培训，并通过现场实操考核，使一线生产人员上岗前的风险意识和“保命”技能人人过关，实现人员安全意识和作业技能与岗位需求相匹配，切实提高一线生产人员的风险意识和风险防范技能，确保不发生人身伤害事件和伤亡事故。

53．什么是有限空间？电力生产过程中常见的有限空间作业有哪些？

答：有限空间是指封闭或者部分封闭，与外界相对隔离，出入口较为狭窄，人员不能长时间在内工作，自然通风不良，易造成有毒有害、易燃易爆物质积聚或者氧含量不足的空间。

电力生产过程中常见有限空间作业包括电缆沟作业、电缆竖井作业、密闭蓄电池室和高压开关柜室作业等。

54．有限空间现场作业六项严禁的内容是什么？

答：（1）严禁未经过许可进入有限空间作业；

（2）严禁未进行通风、气体检测进入有限空间作业；

（3）严禁有限空间作业不设具备资格的地上监护人；

（4）严禁使用纯氧进行通风换气；

（5）严禁在有限空间内使用燃油（气）发电机等设备；

（6）严禁有限空间内发生人员伤亡盲目施救。

55．有限空间作业监护人员应注意哪些事项？

答：进入有限空间前，监护人应会同作业人员检查安全措施，统一联系信号，并在入口处挂正在工作牌；作业期间监护人员不能自行脱离岗位；准确掌握进入有限空间作业人员的数量与身份；作业过程中，如发生安全措施失效、作业条件、工作范围等异常变化或其他突发事件时，应立即取消作业；高风险的有限空间作业应增加监护人员，并随时与有限空间外人员取得联系。监护人不能安全有效履行监护职责时，应通知作业人员撤离。

56. 触电事故的分类及现场预防措施主要有哪些？

答：触电事故是由电流的能量造成的，主要分为电击和电伤。预防措施主要有以下几点：

（1）电气设备发生故障或损坏，如隔离开关、电灯开关的绝缘或外壳破裂等，应及时报告，请电工检修，不要擅自拆卸修理；

（2）在生产中，如遇照明灯坏了或熔断器熔体熔断等情况，应请电工来调换或修理，调换熔体，粗细应适当，不能随意调大或调小，更不能用铁丝、钢丝代替。

（3）使用的电气设备，其外壳应按安全规程，必须进行保护性接地或接零。

（4）使用手电钻、电砂轮等手用电动工具，应有漏电保护器，其导线、插销、插座必须符合三相四线的要求，其中一相用于保护性接零。严禁将导线直接插入插座内使用。

（5）在清扫环境时，不要用水冲洗电器开关箱或电气设备，更不要用碱水揩拭，以免使设备受潮受蚀，造成短路和触电事故。

（6）在雷雨天，不要走进高压电杆、铁塔、避雷针的接地导线周围 20m 以内，以免有雷击时发生雷电流入产生跨步电压触电。

57. 针对施工现场安全用电，预防触电事故预防措施主要有哪些？

答：针对施工现场用电安全，杜绝触电事故发生，确保集体财产的安全和不受损失，特制定如下安全措施：

（1）所有临时用电的布置，架设都应符合安全用电规范；

（2）外电防护应符合相关规范规定的安全距离（水平、垂直）；

（3）按规范设置接地防雷系统及保护接零；

（4）必须执行“一机、一闸、一漏、一箱”制，确保漏电保护装置灵敏可靠；

（5）严格执行送、停电顺序，送电顺序为：总配电箱—分配电箱—开关箱；停电顺序为：开关箱—分配电箱—总配电箱；

（6）安装、拆除维修临时用电时由专业电工完成；

（7）使用设备前，必须按规定穿戴和配备好相应的劳动防护用品；

（8）停用的设备必须拉闸断电，锁好开关箱；

（9）电工人员负责整理检查好所有设备的负荷线，保护零线和开关箱；

（10）各手持电动工具的外壳、手柄、负荷线、插头、开关等必须完好无损，负荷线必须保用耐气候型橡皮护套铜芯软电缆，并不得有接头。

58. 高处坠落事故成因中人的不安全因素主要有哪些？

答：高处坠落事故成因人的不安全因主要有六方面：

（1）作业者本身患有高血压、心脏病、贫血，癫痫病等妨碍高处作业的疾病或生理缺陷。

（2）作业者本身处于二重或三重临界日或情绪临界日。处于二重或三重临界日或情绪临界日，反应迟钝，懒于思考，动作失误增多，而导致事故发生。

（3）作业者生理或心理上过度疲劳，使之注意力分散，反应迟缓，动作失误，思维判断失误增多，导致事故发生。

（4）作业者习惯性违章行为，如酒后作业，乘吊篮上下，在无可靠防护措施的轻型屋面上行走。

（5）作业者对安全操作技术不掌握。如悬空作业时未系或未正确使用安全带，操作时弯腰、转身时不慎碰撞杆件等使身体失去平衡。走动时不慎踩空或脚底打滑。

（6）缺乏劳动危险性认识。表现为对遵守安全操作规程认识不足，思想上麻痹，在栏杆或脚手架上休息打闹，意识不到潜在的危险性，安全工作上存在侥幸心理。

59．高处坠落事故成因中物的不安全状态因素主要有哪些？

答：高处坠落事故成因物的不安全状态主要有以下 6 个方面：

（1）脚手板漏铺或有探头板，或铺设不平衡。

（2）材料有缺陷。如使用竹竿为青嫩、枯黄、黑斑、虫蛀以及裂纹贯通二节以上的毛竹；使用木杆为易腐蚀、易折裂以及枯节，虫眼的木料；钢管与扣件不符合要求。

（3）安全装置失效或不齐全。如人字梯无防滑、防陷措施，无保险链。

（4）脚手架架设不规范。如未绑扎防护栏杆或防护栏杆损坏，操作层下面未铺设安全防护层。

（5）个人防护用品本身有缺陷，如使用三无产品或已老化的产品。

（6）材料堆放过多造成脚手架超载断裂。

（7）安全网损坏或间距过大，宽度不足或未设安全网。

（8）“四口五临边”无防护设施或安全设施不牢固、已损坏未及时处理。

（9）屋面坡度超过 25°，无防滑措施。

60．高处坠落事故成因中方法不当、管理的不到位、环境不适主要有哪些？

答：（1）方法不当。

1）行走或移动不小心，走动时踩空、脚底打滑或被绊倒、跌倒。

2）用力过猛，身体失去平衡。

3）登高作业时未踩稳脚踏物。

（2）管理的不到位。

1）脚手架搭设方案指导性不强。

2）劳动组织不合理。如安排患有高血压、心脏病、癫痫病等疾病或生理缺陷的人员进行高处作业。

3）教育不到位。从事高空作业人员未经培训就上岗，对遵守安全操作规程认识不足。

4）安全检查不仔细，流于形式，脚手架安装完毕后，未经验收或草率验收了事。在使用前未检查作业环境。

（3）环境不适。

1）在大风、大雨、大雪等恶劣天气从事露天高空作业。

2）在照明光线不足的情况下，从事夜间悬空作业。

61．高处作业“五必有”是什么？

答：高处作业“五必有”是指：

（1）有边必有栏；

（2）有洞必有盖；

（3）有栏无盖必有网；

（4）有电必有防护措施；

（5）电梯必有门。

62．高处作业“六不准”是什么？

答：高处作业“六不准”是指：

（1）安全带未挂牢不准作业；

（2）不准乱抛物件；

（3）不准穿拖鞋、高跟鞋、硬底鞋等；

（4）不准嬉戏、睡觉、打闹、攀爬；

（5）不准骑坐栏杆、扶手；

（6）不准背向竖梯上下。

63．高处作业“十不登高”是什么？

答：高处作业“十不登高”是指：

（1）患禁忌症者不登高；

（2）操作者未经安全教育、脚手架工无证不登高；

（3）无安全防护不登高；

（4）脚手架等设施不牢不登高；

（5）携带笨重物件不登高；

（6）石棉瓦等屋面无垫板不登高；

（7）恶劣天气不登高；

（8）照明不足不登高；

（9）身体不适、情绪反常、酒后不登高；

（10）无正规通道不冒险登高。

64．预防物体打击，管理方面有哪些措施？

答：（1）文明施工。施工现场必须达到《建筑施工安全检查标准》（JGJ 59—2011）中文明施工的各项要求。

（2）设置警戒区。下述作业区域应设置警戒区：塔机、施工电梯拆装、脚手架搭设或拆除、桩基作业处、钢模板安装拆除、预应力钢筋张拉处周围，以及建筑物拆除处周围等。设置的警戒区应由专人负责警戒，严禁非作业人员穿越警戒区或在其中停留。

（3）避免交叉作业。施工计划安排时，尽量避免和减少同一垂直线内的立体交叉作业。无法避免交叉作业时必须设置能阻挡上面坠落物体的隔离层，否则不准施工。

（4）模板安装和拆除。模板的安装和拆除应按照施工方案进行作业，2m 以上高处作业应有可靠的立足点，不要在被拆除模板垂直下方作业，拆除时不准留有悬空的模板，防止掉下砸伤人。

65．作业过程中预防物体坠落或飞溅有哪些措施？

答：（1）脚手架。施工层应设有1.2m高防护栏杆和18～20cm高挡脚板。脚手架外侧设置密目式安全网，网间不应有空缺。脚手架拆除时，拆下的脚手杆、脚手板、钢管、扣件、钢丝绳等材料，应向下传递或用绳吊下，禁止投扔。

（2）材料堆放。材料、构件、料具应按施工组织规定的位置堆放整齐，防止倒塌做到工完场清。

（3）上下传递物件禁止抛掷。

（4）往井字架、龙门架上装材料时，把料车放稳，材料堆放稳固，关好吊笼安全门后，应退回到安全地区，严禁在吊篮下方停留。

（5）运输。运送易滑的钢材，绳结必须系牢。起吊物件应使用交互捻制的钢丝绳。钢丝绳如有扭结、变形、断丝、锈蚀等异常现象，应降级使用或报废。严禁使用麻绳起吊重物。吊装不易放稳的构件或大模板应用卡环，不得用吊钩。禁止将物件放在板形构件上起吊。在平台上吊运大模板时，平台上不准堆放无关料具，以防滑落伤人。禁止在吊臂下穿行和停留。

（6）深坑、槽施工。四周边沿在设计规定范围内，禁止堆放模板、架料、砖石或钢筋材料。深坑槽施工所有材料均应用溜槽运送，严禁抛掷。

（7）现场清理。清理各楼层的杂物，集中放在斗车或桶内，及时吊运地面，严禁从窗内往外抛掷。

（8）工具袋（箱）。高处作业人员应佩带工具袋，装入小型工具、小材料和配件等，防止坠落伤人。高处作业所有的较大工具，应放入工具箱。砌砖使用的工具应放在稳妥的地方。

（9）拆除工程。除设置警戒的安全围栏外，拆下的材料要及时清理运走，散碎材料应用溜槽顺槽溜下。

（10）放飞溅物伤人。圆盘锯上必须设置分割刀和防护罩，防止锯下木料被锯齿弹飞伤人。

66．作业过程中预防人员伤害有哪些防护措施？

答：（1）防护棚。施工工程邻近必须通行的道路上方和施工工程出入口处上方，均应搭设坚固、密封的防护棚。

（2）防护隔离层。垂直交叉作业时，必须设置有效的隔离层，防止坠落物伤人。

（3）起重机械和桩机机械下不准站人或穿行。

（4）安全帽。戴好安全帽，是防止物体打击的可靠措施。因此，进入施工现场的所有人员都必须戴好符合安全标准、具有检验合格证的安全帽，并系牢帽带。

67．起重搬运伤害预控措施主要有哪些？

答：从事起重作业人员必须熟悉起重机械使用方法，经培训考试合格，并取得特种作业操作证。起重搬运伤害预控主要有以下措施：

（1）起重搬运只能有一人指挥，起重作业前，起重司机要与地面指挥人员进行充分的信息交流，要使用统一的标准信号，并严格。

（2）一切起重、大件搬运工作必须指定经验的专人负责，起重、搬运工作开始前，工作负责人必须向所有工作人员交代技术措施和安全注意事项。参加人员要熟悉起重搬运方案和安全措施，精力集中，听从指挥人员的指挥。

（3）重大起重作业（如主厂房构架、锅炉、汽轮机、发电机、主变压器等大件吊装作业），施工前必须编写“安全施工方案”，制定详细的组织措施、技术措施及安全措施，并由生产技术、安全监察部门审查会签，总工程师批准后执行。作业过程中有关安监人员应全过程监督，确保安全措施的全面落实。

（4）遇有大雾、照明不足、指挥人员看不清各工作地点、起重驾驶员看不见指挥人员或看不清指挥信号时，不准进行起重作业，风力达 6 级以上时，禁止进行露天起重作业。

（5）加强起重机械、吊具、钢丝绳的维护保养，定期进行检查试验，做好记录，经试验不合格的禁止使用。列入国家特种设备的起重机械，必须有当地政府监督检验部门出具的检验合格证，并在有效期内。

（6）严禁用非起重用机械吊、运重物。

（7）起重作业前，应对起重机械进行检查，各部位及绳索有无缺陷，起重机械的刹车制动装置、限位装置、安全防护装置、信号装置应齐全灵活。认真检查起吊工具、防护设施是否完好无损，准备好必要的辅助工具，确认落物地点平整、符合要求。

（8）捆绑构件时，先确定绑扎点，吊挂绳之间的夹角小于 100°。构件有棱角或特别光滑时，在棱角或光滑面与绳子接触处要加包垫，防止绳子受伤或打滑。

（9）使用手拉葫芦起吊重物时，应选择好悬挂位置及是否能承受住吊物重量，禁止利用任何管道悬吊重物和手拉葫芦。

（10）吊运接近额定负荷重物时，应先进行试吊，即在距地面不太高的空中起落一次，以检查制动装置是否可靠。起重机械、起重索具，严禁超负荷使用。起重作业时，必须划定起重作业区，设置防护围栏，明确行走区域。与工作无关人员禁止在起重作业区域内行走或停留，任何人不准在吊杆或吊物下停留或行走。禁止工作人员利用吊钩上升或下降。

（11）合理选择吊点，确保吊件平衡，吊件的就位、找正、固定工作事先要认真进行危险点分析，并严格落实防范措施，吊件未固定好前，严禁松钩。起重过程中，应做好钢丝绳反崩的安全技术措施。起重中应做好防止钓钩、绳扣滑脱的措施。

68. 起重“十不吊”包括什么内容？

答：（1）超载、液体盛放过满或被吊物重量不清。

（2）指挥信号不明确。

（3）捆绑、吊挂不牢或不平衡可能引起吊物滑动。

（4）被吊物上有人或浮置物。

（5）起重机械安全装置不灵，结构或零部件有影响安全工作的缺陷或损伤。

（6）遇有拉力不清的埋置物件。

（7）工作场地情况不明、光线不足，视线不清，无法看清场地、被吊物情况和指挥信号。

（8）易燃易爆物品无特殊防护措施。

（9）重物棱角处与捆绑钢丝绳之间未加垫。

（10）歪拉斜吊重物。

69. 机械伤害预防措施主要有哪些？

答：机械伤害是指机械设备与工具引起的绞、碾、碰、割、戳、切等伤害，即刀具飞出伤人，手或身体其他部位卷入，手或其他部位被刀具碰伤，被设备的转动机构缠住等造成的伤害，已列入其他事故类别的机械设备造成的机械伤害除外，如车辆、起重设备、锅炉和压力容器等设备。机械伤害预防措施主要有两方面：

（1）提高操作者或人员的安全素质，进行安全培训，提高辨别危险和避免伤害的能力，增强避免伤害的自觉性，对危险部位进行警示和标示。

（2）消除产生危险的原因，减少或消除接触机器的危险部位的次数，采取安全防护装置避免接近危险部位，注意个人防护，实现安全机械的本质安全。

70. 什么是易燃易爆物质？电气作业现场火灾防控主要有哪些措施？

答：易燃物质是指在空气中容易发生燃烧或自燃放出热量的物质，如汽油、煤油、酒精等；易爆物质是指与空气以一定比例结合后遇火花容易发生爆炸的物质，如氢气、氧气、乙炔等。电气作业现场火灾防控措施主要有以下几种：

（1）动火现场周围3m以内，严禁堆放易燃易爆物品，不能清除时应用阻燃物品隔离。

（2）电气设备不得堆放可燃物。

（3）照明电源线应使用橡套电缆，不得使用塑胶线，不得沿地面铺设电缆。

（4）氧气瓶、乙炔气瓶必须直立固定放置，气瓶间距不小于5m，与明火点不小于10m，乙炔气瓶必须安装回火器，气瓶不得暴晒。

（5）进入控制室、电缆夹层、控制柜、开关柜等处的电缆孔洞时，必须用防火材料严密封堵，并沿两侧一定长度上涂以防火涂料或其他阻燃物质。

（6）作业场所严禁吸烟。

（7）严禁超载用电。

71. 电网企业道路交通安全有哪些特点？常见的容易造成交通事故的情景有哪些？

答：电网企业道路交通安全是企业安全生产的基础，其交通安全有以下特点：

（1）车辆种类多；

（2）数量多；

（3）车辆分散，管理难度大；

（4）出车频发，单车行驶里程多；

（5）驾驶员交通意识和自我管理能力不高。

常见的容易造成交通事故的情景主要有以下几种：

（1）雨雾天。雨雾天视线不良，能见度低，路面附着系数低，容易发生追尾、擦碰事故。

（2）台风天。台风天狂风暴雨，路面多积水，也是电力抢修繁忙时候，容易出现驾驶疲劳、侧滑、翻车、车辆进水等事故。

（3）山区和泥泞道路，山区道路崎岖狭窄，路况复杂，雨雪天气时道路泥泞，容易发生车辆侧滑和翻车事故。以上 3 种情景出车前要做好路况的分析和研判，做好预防措施。

72．如何正确扑灭电气设备着火？

答：扑灭着火的电气设备应注意：

（1）带电设备应首先断开电源，使用干式灭火器、二氧化碳灭火器进行灭火，不能使用泡沫灭火器。

（2）注油设备外部局部着火，而设备容器并未受到损坏，可应用干式灭火器、二氧化碳灭火器、1211 灭火器。若火势较大，对临近设备有威胁时，应切断该设备的电源。如果设备的容器已受到破坏，向外喷油燃烧，应考虑将油放人事故储油柜，池内和地上的油火应用泡沫灭火器扑灭。

（3）防止注油设备的油流入电缆沟内，电缆沟的油火只能用泡沫、土沙等物覆盖堵塞，严禁用水喷射防止火势扩散。

（4）灭火时注意与带电设备保持安全距离，正确使用灭火器材，在电缆沟内灭火时，应戴防毒面具并使用绝缘手套。

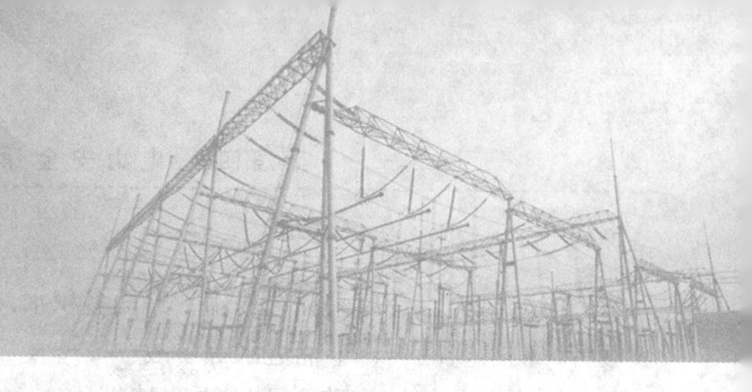

第五章　保障安全的技术措施

1．保证安全的技术措施有哪些？

答：在电气设备上工作时，应有停电、验电、接地、悬挂标示牌和装设遮栏（围栏）等保证安全的技术措施。电气场所设备停电检修工作应有保障作业人员在一、二次设备或临近带电设备范围内作业时应具备的技术性措施（检修设备停电、检修设备验电和接地、检修设备装设遮拦并且设置标示牌），确保作业人员的人身安全和作业安全。

2．检修设备停电时应做好哪些措施？

答：检修设备停电时应做好以下措施：

（1）各方面的电源完全断开。任何运行中的星形接线设备的中性点，应视为带电设备。不应在只经断路器断开电源或只经换流器闭锁隔离电源的设备上工作。

（2）拉开隔离开关，手车开关应拉至“试验”或“检修”位置，使停电设备的各端有明显的断开点。无明显断开点的，应有能反映设备运行状态的电气和机械等指示，无明显断开点且无电气、机械等指示时，应断开上一级电源。

（3）与停电设备有关的变压器和电压互感器，应将其各侧断开。

3．对停电设备的操动机构或部件，应采取哪些措施？

答：对停电设备的操动机构或部件应采取以下措施：

（1）可直接在地面操作的断路器、隔离开关的操动机构应加锁，有条件的隔离开关宜加检修隔离锁；

（2）不能直接在地面操作的断路器、隔离开关应在操作部位悬挂标示牌；

（3）对跌落式熔断器熔管，应摘下或在操作部位悬挂标示牌。

4．220kV及以上母线停电操作顺序是什么？

答：为防止220kV及以上母线停电过程中电压互感器二次侧反充电，应按照先断开待停电母线电压互感器二次低压断路器 （断开后该电压互感器二次应无电压）、拉开待停电母线电压互感器隔离开关、断开母联断路器、拉开待停电母线侧隔离开关、拉开运行母线侧隔离开关的顺序进行操作；断开母联断路器后应检查停电母线电压互感器二次无电压，并检查相关联的另一条母线电压指示正常，结合现场实际检查其余母线电压互感器二次电压正常。

5．变压器的停电操作应遵守哪些规定？

答：（1）停电操作，一般应先停低压侧、再停中压侧、最后停高压侧（升压变压器和并列运行的变压器停电时可根据实际情况调整顺序）。

（2）操作过程中可以先将各侧断路器操作到断开位置，再逐一按照由低到高的顺序操作隔离开关到拉开位置（隔离开关的操作须按照先拉变压器侧隔离开关，再拉母线侧隔离开关的顺序进行）。

6．电压互感器停电操作原则是什么？

答：先断开二次低压断路器（或取下二次熔断器），后拉开一次隔离开关，送电操作顺序相反。一次侧未并列运行的两组电压互感器，禁止二次侧并列。

7．线路停电工作前，应采取哪些停电措施？

答：线路停电工作前应采取以下停电措施：

（1）断开厂站和用户设备等的线路断路器和隔离开关。

（2）断开工作线路上需要操作的各端（含分支）断路器、隔离开关和熔断器。

（3）断开危及线路停电作业且不能采取措施的交叉跨越、平行和同杆塔架设线路（包括用户线路）的断路器、隔离开关和熔断器。

（4）断开可能反送电的低压电源断路器、隔离开关和熔断器。

（5）高压配电线路上对无法通过设备操作使得检修线路、设备与电源之间有明显断开点的，可采取带电作业方式拆除其与电源之间的电气连接。禁止在只经断路器断开电源且未接地的高压配电线路或设备上工作。

（6）两台及以上配电变压器低压侧共用一个接地引下线时，其中任一台配电变压器停电检修，其他配电变压器也应停电。

8．低压配电网在哪些情况下应该停电？

答：低压配电网在以下情况下应该停电：

（1）检修的低压配电线路或设备。

（2）危及线路停电作业安全且不能采取相应安全措施的交叉跨越、平行或同杆塔架设线路。

（3）工作地段内有可能反送电的各分支线。

（4）其他需要停电的低压配电线路或设备。

9．低压配电网停电工作前，应采取哪些停电措施？

答：低压配电网停电工作前，应采取以下停电措施：断开所有可能来电的电源（包括解开电源侧和用户侧连接线），对工作中有可能触碰的相邻带电线路、设备应采取停电或绝缘遮蔽措施。

10．配电变压器停操作应遵守哪些规定？

答：（1）配电变压器停电操作应先停低压侧，后停高压侧；

（2）低压侧未安装开关设备，且高压侧为跌落式熔断器的配电变压器，停电操作前，应限制配变低压侧负荷。

11．柱上开关、隔离开关或跌开式熔断器停电的危险点和控制措施主要有哪些？

答：柱上开关、隔离开关或跌开式熔断器停电的危险点和控制措施主要有：

（1）高低压感电。

1）倒闸操作要严格执行操作票，严禁无票操作；

2）倒闸操作应由两人进行，一人操作，一人监护；

3）操作机械传动的开关或刀闸应戴绝缘手套，操作没有机械传动的开关或刀闸，应使用合格的绝缘杆，雨天操作应使用有防雨罩的绝缘杆；

4）雷电时严禁进行开关倒闸操作；

5）登杆操作时，操作人员严禁穿越和碰触低压导线（含路灯线）。

（2）弧光灼伤。

1）杆上同时有隔离开关和断路器时，应先拉断路器后拉隔离开关，送电时与此相反；

2）作业结束合线路分段开关时，必须检查线路地线全部拆除后方可操作；

3）负荷开关主触头不到位时严禁进行操作；

4）操作油开关时操作人应穿阻燃服或在安全距离外进行操作。

（3）高空坠落。

1）操作时操作人和监护人应戴安全帽，登杆操作应系好安全带；

2）登杆前检查登杆工具是否完好，采取防滑措施。

12．台式变压器停电的危险点和控制措施主要有哪些？

答：台式变压器停电的危险点和控制措施主要有：

（1）感电伤人。①要严格执行变台操作程序票；②操作应有两人进行，一人操作、一人监护；③应使用合格的绝缘杆，雨天操作应使用有防雨罩的绝缘杆；④摘挂跌开式熔断器应使用绝缘棒，其他人员不得触及设备；⑤应先拉开二次负荷开关再拉一次跌开式开关；⑥雷电时，严禁进行变台更换熔丝工作。

（2）物体打击，操作人员应戴好安全帽。

13．拉开刀闸（柱上开关操作）安全注意事项主要有哪些？

答：拉开刀闸（柱上开关操作）安全注意事项主要有：

（1）开关负荷侧验电，防止开关假分。验电前应将验电器在有电设备上进行校验，确保验电器合格。

（2）先拉负荷侧，再拉电源侧。

（3）先拉中相、后拉边相。

（4）大风时，先拉下风侧，后拉上风侧。

14．验电有哪些方式，分别是什么？

答：验电分为直接验电和间接验电。

（1）直接验电应使用相应电压等级的验电器在设备的预接地处逐相（直流线路逐级）验电。

（2）间接验电即通过设备的机械指示位置、电气指示、带电显示装置、仪表及各种遥测、遥信等指示的变化来判断。

15．电气设备验电有哪些基本要求？

答：电气设备验电应满足以下基本要求：

（1）在停电的电气设备上接地（装设接地线或合接地开关）前，应先验电，验明电气设备确无电压。高压验电时应戴绝缘手套并有专人监护。

（2）验电的方式包括直接验电和间接验电。在有直接验电条件下，优先采取直接验电方式。

（3）验电操作必须设专人监护，验电者在高压验电时必须穿戴绝缘手套。

16．哪些情况可采用间接验电？

答：以下情况可采用间接验电：

（1）在恶劣气象条件时的户外设备；

（2）厂站内 330kV 及以上的电气设备；

（3）其他无法直接验电的设备。

17．为什么雨雪天气时不应使用常规验电器进行室外直接验电？

答：雨、雪潮湿天气下的验电设备缩短了放电爬距，容易造成人员触电。在雨天、下雪潮湿气象情况下，应使用防雨雪型验电器。

18．对于不能进行线路验电的手车式断路器柜（固定密封开关柜）合线路接地开关必须满足哪些条件？

答：（1）设备停电前检查带电显示器有电；

（2）手车式断路器拉至试验/分离位置；

（3）带电显示器显示无电；

（4）与调度核实线路确已停电；

（5）对于线路转检修前是热备用或冷备用状态，无法观察到带电显示器从有电到无电变化过程的情况，可联系调度或设备运行单位核实。

19．对不具备直接验电的 GIS 组合电气合接地开关前，必须满足哪些条件？

答：（1）相关隔离开关必须拉开且闭锁；

（2）在二次上确认应接地设备无电压（如 TV 二次电压、CVT 线路 CVT 二次电压、带电显示器）；

（3）线路接地前必须与调度核实该线路确已停电。

20．验电时人体与被验设备的安全距离是怎么规定的？

答：验电时人体与被验设备的安全距离规定见表 5-1。

表 5-1　验电时人体与被验设备的安全距离规定

电压等级（kV）	安全距离（m）
10 及以下	0.7
20、35	1.0
66、110	1.5
220	3.0
330	4.0
500	5.0
750	8.0
1000	9.5
±50 及以下	1.5

续表

电压等级（kV）	安全距离（m）
±500	6.8
±660	9.0
±800	10.1

注 1．表中未列电压等级按高一挡电压等级安全距离。

2．750kV 数据按海拔 2000m 校正，其他等级数据按海拔 1000m 校正。

21．验电操作过程中的行为规范是什么？

答：（1）操作人预先组装好验电笔并检查外观、有效日期，自检验电器完好，戴绝缘手套，穿绝缘靴，在待验电设备相同电压等级的带电间隔按站位规范站立。

（2）操作人双手紧握验电器护环以下手柄部分，逐渐靠近带电设备试验验电器完好。

（3）操作人、监护人回到待验电设备的正前方，到位后按站位规范站立。

（4）操作人眼看、手指设备标示牌及验电位置，监护人进行唱票，操作人复诵，监护人确认无误后，发出“对，执行”的命令。

（5）操作人双手举起验电器保持平衡稳定后，眼看验电器，将验电器的验电头与待验电设备的导体接触，耳听、眼看验电器声光正常。

（6）未进行验电时验电器必须架空放置，防止验电器脏污或受潮。

22．对同杆塔架设的多层、同一横担多回线路验电有哪些安全注意事项？

答：对同杆塔架设的多层、同一横担多回线路验电时，应先验低压、后验高压，先验下层、后验上层，先验近侧、后验远侧。禁止作业人员越过未经验电、接地的线路对上层、远侧线路验电。

23．电气设备接地应满足哪些基本要求？

答：电气设备接地应满足以下基本要求：

（1）验明设备确无电压后，应立即将检修设备接地并三相短路，电缆及电容器接地前应逐相充分放电。

（2）装拆接地线应有人监护。

（3）人体不应碰触未接地的导线。

（4）工作地段有邻近、平行、交叉跨越及同杆塔线路，需要接触或接近停电线路的导线工作时，应装设接地线或使用个人保安线。

（5）装设接地线、个人保安线时，应先装接地端，后装导体（线）端，拆除接地线的顺序与此相反。

（6）接地线或个人保安线应接触良好、连接可靠。

（7）装拆接地线导体端应使用绝缘棒或专用的绝缘绳，人体不应碰触接地线。

（8）带接地线拆设备接头时，应采取防止接地线脱落的措施。

（9）在厂站、高压配电线路和低压配电网装拆接地线时，应戴绝缘手套。

（10）不应采用缠绕的方法进行接地或短路。接地线应使用专用的线夹固定在导体上。

24．需要断开耐张杆塔引线（连接线）时，为什么先在其两侧装设接地线？

答：如果将耐张杆塔引线（连接线）断开，则无法满足《电力安全工作规程　电力线路部分》线路停电作业装设接地线的规定，该规定要求工作地段各端以及可能送电到检修线路工作地段的分支线都应装设接地线。所以，应在断开引线的两端加挂接地线。

25．为什么禁止采用缠绕的方法进行接地或短路？

答：因缠绕方式接地会导致接触不良，故必须禁止采用；接地线必须使用专用线夹固定在导体上，而接地端应固定在专用的接地螺丝上或采用专用的夹具固定在接地体上。

26．为什么接地线、接地开关与检修设备之间不应连有断路器或熔断器？

答：检修设备不得通过断路器、熔断器接地，目的是以防止断路器断开或熔丝可能受意外的损伤而实际上是断开的，或通过短路电流时熔丝迅速熔断而使工作地段失去接地的保护。

27．为什么禁止用个人保安线代替接地线？

答：个人保安线是为了防止临近带电设备和线路产生的感应电压，以保证作业人员的人身安全而装设的接地装置。个人保安线应在接触或接近导线的作业前挂接，作业结束脱离导线后拆除。

28．成套接地线由哪些部分组成，需满足哪些要求？

答：成套接地线由有透明护套的多股软铜线和专用线夹组成。接地线截面不应小于$25mm^2$，并应满足装设地点短路电流的要求。

29．线路停电作业装设接地线应遵守哪些规定？

答：线路停电作业装设接地线应遵守以下规定：

（1）工作地段各端以及可能送电到检修线路工作地段的分支线都应装设接地线；

（2）直流接地极线路上的作业点两端应装设接地线；

（3）配合停电的线路，可只在工作地点附近装设一处接地线。

30．柱上开关装设接地线操作安全注意事项有哪些？

答：柱上开关装设接地线操作安全注意事项主要有：

（1）先装设接地端，再装设线路端；

（2）使用合格双保险安全带。高空转位作业时不得失去安全带保护；

（3）传递接地线必须用绳索进行传递；

（4）在装设接地线前应逐相验电，验电器在使用前应在相应电压等级带电部位进行实验；

（5）装设导线端时应逐相放电，先装设靠近身体位置的一相。

31．环网柜合上接地开关操作安全注意事项有哪些？

答：环网柜合上接地开关操作安全注意事项主要有：

（1）确认带电指示器不发光；

（2）辨别接地开关操作孔并解锁；

（3）辨别接地开关操作把手；

（4）确认接地开关合闸旋转方向；

（5）确认接地开关在合闸位置并上锁。

32．装设和拆除接地线、个人保安线时应按照什么顺序开展？

答：装设接地线、个人保安线时，应先装接地端，后装导体（线）端，接地点牢固可靠接触良好，拆除接地线的顺序与此相反。

33．个人保安线使用有哪些规定？

答：（1）在停电线路或绝缘地线上工作，应使用个人保安线防止感应电触电风险，在现场条件允许或接地点离作业点有一定距离的其他各类停电作业时，应积极使用个人保安线，作为防止触电的补充措施。

（2）装设个人保安线时，应根据现场作业情况，在尽量靠近作业人员的工作点装设。在线路杆塔或横担接地良好的条件下，个人保安线接地端可连固定在杆塔或横担金属部件上。

（3）个人保安线必须采用螺栓紧固式或其他具有锁止功能式的线夹（与导地线连接固定的部件，下同），严禁采用舌型压紧式线夹（含单舌型和双舌型等）和撞击式鸭嘴型线夹。如使用接地线代替个人保安线，其线夹应满足上述要求。

（4）作业人保障自身安全，可自行安装个人保安线，作业结束且撤至安全距离后应及时拆除，并在结束工作前报告工作负责人。工作负责人在结束工作票前，应核对个人保安线的数量。

34．在同杆塔架设的多回线路上装设接地线有哪些安全注意事项？

答：安全注意事项主要有：

（1）在同杆塔架设的多回线路上装设接地线时，应先装低压、后装高压，先装下层、后装上层，先装近侧、后装远侧。不应越过未经接地的线路对上层、远侧线路验电接地。拆除时次序相反。

（2）在同杆塔多回路部分线路停电作业装设接地线时，应采取防止接地线摆动的措施，并满足对作业安全距离的规定。

35．无接地引下线的杆塔装设接地线时，应采取哪些措施？

答：需采用临时接地体，临时接地体的截面积不应小于 $19mm^2$，临时接地体埋深不小于 0.6m，土壤电阻率较高的地方应采取措施改善接地电阻。

36．装设地线过程中应遵守哪些行为规范？

答：（1）操作人、监护人在接地点的正下方（正前方）将接地线理顺、放好。

（2）操作人把接地线的接地端插入接地桩，拧紧，监护人进行检查确认。

（3）操作人戴绝缘手套，双手举起绝缘棒，逐相装设接地线。

（4）需使用绝缘梯时，由操作人、监护人在接地点正下方架好绝缘梯，监护人扶稳绝缘梯，操作人戴好绝缘手套，双手扶着绝缘梯，登上绝缘梯合适高度并站稳，监护人双手举起绝缘棒，递给操作人，操作人双手举起绝缘棒，逐相装设接地线。

（5）装设完毕，监护人确认接地线装设正确。

37．低压防止反送电的安全措施主要有哪些？

答：当验明检修的低压配电网确已无电压后，至少应采取以下措施之一防止反送电：

（1）所有相线和零线接地并短路。

（2）绝缘遮蔽。

（3）在断开点加锁、悬挂“禁止合闸，有人工作！”或“禁止合闸，线路有人工作！”的标示牌。现场确实无法加锁的，应在断开点派专人现场看守。

38．哪些情况应悬挂标示牌？

答：以下情况应悬挂相应的标示牌：

（1）厂站工作时的隔离开关或断路器操作把手、电压互感器低压侧空气开关（低压断路器）操作处，应悬挂 “禁止合闸，有人工作！”的标示牌。

（2）线路工作时，厂站侧或线路上的隔离开关或断路器的操作把手、电压互感器低压侧低压断路器操作处、配电机构箱的操作把手及跌落式熔断器的操作处，应悬挂“禁止合闸，线路有人工作！”标示牌。

（3）通过计算机监控系统进行操作的隔离开关或断路器，在其监控显示屏上的相应操作处，应设置相应标志。

39．在室内高压设备上工作时，悬挂标示牌的注意事项主要有哪些？

答：在室内高压设备上工作时，悬挂标示牌的注意事项主要有：

（1）在室内高压设备上工作时，应在工作地点两旁及对侧运行设备间隔的遮栏（围栏）上和禁止通行的过道遮栏（围栏）上悬挂“止步，高压危险！”标示牌。

（2）高压开关柜内手车开关拉出后，隔离带电部位的挡板封闭后不应开启，并设置“止步，高压危险！”标示牌。

40．在室外高压设备上工作时，悬挂标示牌的注意事项主要有哪些？

答：在室外高压设备上工作时，悬挂标示牌的注意事项主要有：

（1）在室外高压设备上工作时，应在工作地点四周装设遮栏，遮栏上悬挂适当数量朝向里面的“止步，高压危险！”标示牌，遮栏出入口要围至临近道路旁边，并设有“从此进出！”标示牌。

（2）若厂站大部分设备全停，但还留有个别设备带电，应在带电设备处四周装设遮栏，遮栏上悬挂适当数量朝向外面的“止步，高压危险！”标示牌；作业点必要时可局部装设遮栏，并悬挂“在此工作”标示牌。

（3）在工作地点或检修的电气设备应设置“在此工作！”标示牌。

（4）在室外构架上工作，应在工作地点邻近带电部分的横梁上，悬挂“止步，高压危险！”标示牌。此项标示牌在值班人员的监护下，由工作人员悬挂。在工作人员上下的铁架或梯子上，应悬挂“从此上下！”标示牌。在邻近其他可能误登的带电构架上，应悬挂“禁止攀登，高压危险！”标示牌。

41．设备操作方式有哪些？

答：设备操作包括调度员命令或现场值班负责人指令下达，监护人对操作人发布操作指令完成电气操作的两个环节，如图 5-1 所示。根据设备管辖权限，电气操作应按调度员命令或现场值班负责人指令进行。现场值班负责人指当值值班负责人或经当值值班负责人授权的正值及以上人员。

紧急情况下，为了迅速消除电气设备对人身和设备安全的直接威胁，或为了迅速处理事故、防止事故扩大、实施紧急避险等，允许不经调度或现场值班负责人许可执行操作，但事后应尽快向调度或现场值班负责人汇报，并说明操作的经过及原因。

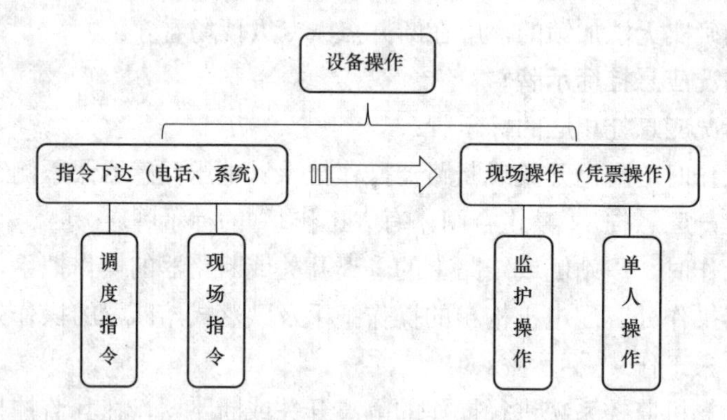

图 5-1　设备操作主要方式

42．操作设备为什么要具有明显的标识？包括哪些内容？

答：操作设备的明显标识包括双重名称、分合指示、位置标示、旋转方向、切换位置的指示及设备相色等。

设备标识应具备唯一性、易辨识的特性，确保操作人员不会走错间隔，便于检查操作质量。

唯一性：设备标识应正确表明该设备属性，避免与该设备所在厂站的其他设备发生混淆，一次设备标识应具备双重名称，包括电压等级，设备名称及编号。二次设备标识应以屏柜或装置为划分单元，区分不同间隔，二次元件须与同屏其他设备可靠区分。

易辨识：设备标识应设置牢固，颜色字体应清晰，正对操作面对方向，方便人员观察，避免发生误判、漏判。

一些常见的设备标识如图 5-2 所示。

一次设备标识示例：正确表明该设备所属间隔、双称编号，避免混淆。

图 5-2　常见设备标识（一）

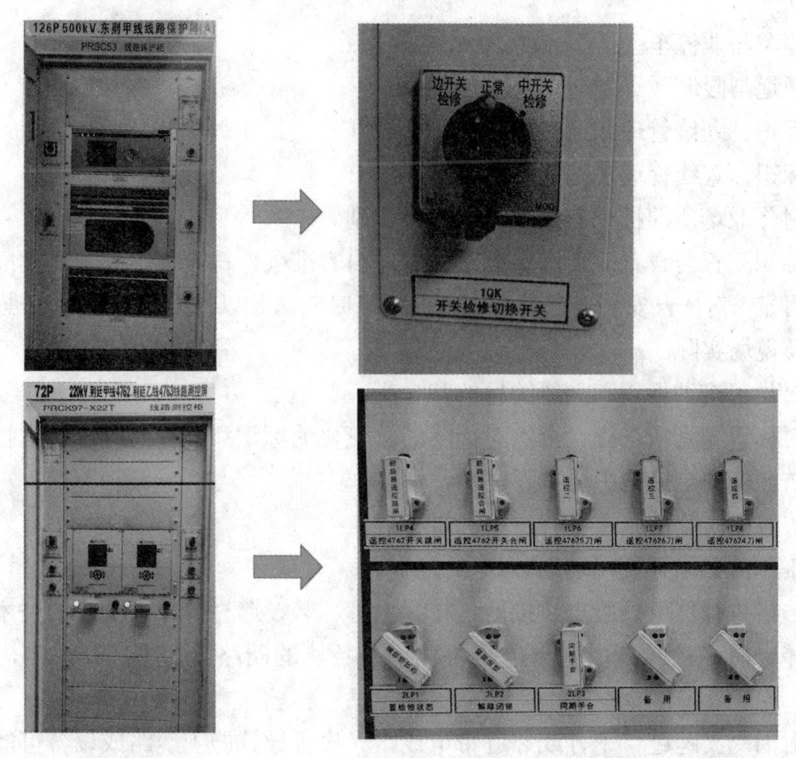

二次设备标识示例：屏柜内只有一个间隔的，标明编号即可；有两个间隔及以上的，标识应以间隔名称加以区分。

图 5-2　常见设备标识（二）

43．什么是安全色？

答：安全色是通过安全标识的不同颜色告诫人们执行相应的安全要求，以防事故的发生。根据《安全色》（GB 2893—2008），红色：传递禁止、停止、危险或提示消防防备、设施的信息；蓝色：传递必须遵守规定的指令性信息；黄色：传递注意、警告的信息；绿色：传递安全的提示性信息，如图 5-3 所示。

图 5-3　安全色

44．标识的形式有哪些？

答：标识的形式包括标签、涂色、印记、箭头、标牌、遮拦、安全围栏、钢印、定位图等。

45．针对区域的功能和类别识别划线的区域，识别时应考虑什么？

答：识别时应考虑：

（1）工作区与非工作区；

（2）堆放与非堆放区；

（3）停车与非停车区；

（4）通道与限制区。

46．标识、划线管理如何实施？

答：标识、划线管理实施情形主要有：

（1）对作业场所的标识和划线需求进行识别。

（2）标识配置与设置时要满足以下要求：内容准确，符合标准及现场实际，标识清晰、位置明显、对应，安装（张贴）规范；划线时应满足以下要求：清晰、准确、规范；符合标准及现场实际。

（3）对员工培训标识和划线的目的和含义。

（4）对标识和划线进行检查，对损坏的，变化的标识和划线及时进行维护和调整。

47．防触电安全措施主要有哪些？

答：防触电安全措施主要有：

（1）工作前必须开展现场勘察；

（2）严格执行停电、验电、接地、挂标示牌、装设遮栏等保证安全的技术措施；

（3）停电时必须断开所有送电至工作设备各侧的断路器、隔离开关等，并悬挂标示牌；

（4）对因交叉跨越、平行或邻近带电线路、设备导致施工线路或设备可能产生感应电压时，应加装接地线或个人保安线；

（5）同杆塔架设的线路停电登杆作业时，杆塔上所有线路必须停电并接地；

（6）工作许可前，工作负责人与工作许可人应根据工作票和施工方案内容，逐一核对、确认保证安全的技术措施全部执行；

（7）施工临时用电电源必须有漏电保护装置；

（8）作业进场前，应认真核对停电检修线路或设备的双重编号，核对杆塔色标，并在有人监护下作业；

（9）放线、撤线、紧线时，应控制导线摆动或跳动，保持与带电线路的安全距离，遇5级 及以上大风时，应停止作业；

（10）作业过程中，严禁擅自变更工作内容。

48．防高坠安全措施主要有哪些？

答：防高坠安全措施主要有：

（1）登杆前必须确认登高工具牢固、可靠。

（2）上下杆塔及杆塔上作业全过程必须要有安全带保护。

（3）离基准地面2m以上必须使用安全带，离基准面3m以上安全带必须加装缓冲段（后备保护绳）。

（4）安全带必须遵从“高挂低用”的原则。

（5）安全带和后备保护绳应分别挂在电杆不同部位的牢固构件上。

（6）严禁登高时携带器材，高处作业所用工器具用装在工具袋内，传递工具、器材应通过传递绳进行。

（7）攀登有覆冰、积雪、积霜、积水的杆塔时，应有防滑措施。

（8）杆上有人作业时，严禁调整或拆除拉线。

（9）对于附着物较多的杆塔时，登高作业宜采用绝缘斗臂车进行作业。

（10）使用梯子进行高处作业时，梯子应牢固完整，有防滑措施和限高标志。

49．防倒杆安全措施主要有哪些？

答：防倒杆安全措施主要有：

（1）严格做好基础设计；

（2）严肃立杆前检查；

（3）严格做好基础施工质量工艺；

（4）严格执行立杆旁站监理；

（5）严格落实登杆许可制度；

（6）必须履行杆上作业监护制度；

（7）立杆、撤杆应由专人统一指挥；

（8）利用已有杆塔立杆、撤杆，应先检查杆塔强度及根部基础的牢固程度，必要时增设临时拉线并补强；

（9）紧线、撤线前，应检查拉线、桩锚及杆塔；

（10）放线、紧线前，应检查导线与牵引绳的连接应可靠。

50．电网企业常见的高处坠落场所有哪些？

答：电网企业常见的高处坠落场所有：

（1）脚手架上坠落；

（2）悬空坠落；

（3）临边坠落；

（4）洞口坠落；

（5）移动梯子上坠落；

（6）拆除作业坠落；

（7）踏穿不坚实作业面坠落。

51．电网企业高处作业中，存在的主要风险有哪些？

答：电网企业高处作业中，存在的主要风险有：

（1）登高禁忌症者从事高处作业，存在晕倒坠落的风险；

（2）作业过程中未系安全带或者失去安全带保护，存在坠落的风险；

（3）高处未设防护栏杆、防护栏杆不合格或损坏，存在人员靠坠的风险；

（4）高处作业人员探身或上下抛掷工具，存在重心失稳坠落；

（5）登高用的支撑架不稳倾导致坠落；

（6）悬空作业吊具（吊篮）断裂或安装不牢固坠落；

（7）基坑临边无防护栏杆，存在行走踏空坠落；

（8）使用不合格的梯子、梯子支放不当或无人扶持；

（9）洞口盖板掀开后，未装设防护栏杆或设非刚性栏杆，身体重心失稳坠落；

（10）洞口盖板未盖实或无盖板未装设遮栏，人员行走踏空坠落；

（11）作业面（如石棉瓦、铁皮板、采光浪板、装饰板等）。

52．高处作业时，脚手架的搭设要求有哪些？

答：高处作业时，脚手架的搭设要求有：

（1）脚手架钢管采用外径为48mm、壁厚3.0～3.5mm的焊接钢管或无缝钢管；

（2）脚手架钢管扣件必须有出厂合格证明或材质检验合格证；

（3）脚手架钢管铰链不准使用脆性的铸铁材料；

（4）纵向扫地杆采用直角扣件固定在距基准面200mm内的立杆上；

（5）立杆底端应埋入地下，遇松土或无法挖坑时必须绑设地杆，竹制立杆必须在基坑内垫以砖石；

（6）搭设时应超过施工层一步架，并搭设梯子，梯凳间距不大于400mm；

（7）剪刀撑与地面夹角为45°～60°，搭接长度不小于400mm；

（8）施工层应设置1200mm高的防护栏杆，必要时在防护栏与脚手板之间设中护栏，设180mm踢脚板，踢脚板与立杆固定；

（9）脚手板厚度不低于50mm，应铺满并不得留有空隙，脚手板搭接不得小于200mm，板子距墙空隙不得大于150mm，板子跨度间不得有接头；

（10）脚手架搭设应装有牢固的梯子，用于作业人员上下和运送材料；

（11）施工层下面应设安全平网，外侧用密目式安全立网全封闭。

53．在脚手架上作业时严禁出现哪些行为？

答：在脚手架上作业时严禁出现的行为有：

（1）严禁不戴安全帽、不系安全带、不穿防滑鞋；

（2）应避免同一架体上作业人数超过2人，必须超过2人时，严禁同一架体上作业人数超过9人；

（3）严禁安全带高挂低用；

（4）上下脚手架应走人行通道或梯子，严禁攀登架体；

（5）严禁站在脚手架上的探头板作业；

（6）严禁在脚手架上探身作业；

（7）严禁站在脚手架上的木桶、木箱、砖块等物体上作业；

（8）严禁在脚手架上退着行走或跨坐在防护横杆上休息；

（9）严禁在脚手架上抛掷工器具、材料等；

（10）严禁在6级大风或大雾、大雪、大雨的环境下作业。

54．悬空作业时对吊篮的基本安全要求有哪些？

答：悬空作业时对吊篮的基本安全要求有：

（1）悬空作业时使用的吊篮应具有吊篮安全生产许可证、产品合格证和检验合格证，并有出厂报告；

（2）吊篮平台长度不宜超过6000mm，并装设防护栏杆；

（3）吊篮门应向内开，并安装有门与吊篮的电气联锁装置；

（4）悬臂机构的前、后支架及配重铁必须放在屋顶上，每台吊篮 2 支悬臂，配重应满足吊篮的安全使用要求；

（5）吊篮钢丝绳不应与穿墙孔、吊篮的边缘、房檐等棱角相摩擦；

（6）使用手扳葫芦应装设防止吊篮平台发生自动下滑的闭锁装置；

（7）吊篮必须装设独立的安全绳，安全绳必须装设安全锁；

（8）吊篮必须装设上下行程限位开关和超载保护；

（9）吊篮平台应在明显处标明最大使用荷载；

（10）篮上的电气设备必须具有防水措施；

（11）超高作业必须加装摄像头监控。

55．悬空作业时应避免出现哪些严禁行为？

答：悬空作业时应避免出现的严禁行为有：

（1）严禁未取得《特种作业操作证》（高处作业）人员在吊篮内作业；

（2）严禁吊篮内的作业人员不戴安全帽、不穿防滑鞋等；

（3）严禁使用麻绳吊吊篮；

（4）严禁吊篮内 1 人单独作业；

（5）严禁空中攀爬吊篮；

（6）吊篮作业严禁偏载、超载运输人员或物料；

（7）严禁在吊篮内使用梯子、凳子、垫脚物等；

（8）严禁用吊篮作为电焊接地线回路；

（9）严禁在吊篮正常使用时，使用安全锁制动；

（10）严禁人为使用电磁制动器自滑降；

（11）严禁采用起重机械吊吊篮的方式进行作业；

（12）吊篮内作业场所，照明不足时严禁作业；

（13）严禁吊篮高空停放。

56．临边作业时的基本安全要求有哪些？

答：临边作业时的基本安全要求有：

（1）基坑临边防护一般采用钢管（$\Phi48\times3.5$）搭设带中杆的防护栏杆；

（2）立杆与基坑边坡的距离不小于 500mm，高度为 1200mm，埋深为 500～800mm；

（3）上杆距地高度为 1200mm，下杆距地高度为 600mm；

（4）夜间增设红色警示灯；

（5）防护外侧设置高度为 180mm 踢脚板。

57．临边作业时严禁出现哪些行为？

答：悬空作业时应严禁出现的行为有：

（1）严禁用绳子、布带等软物作为基坑开挖临边的防护杆；

（2）基坑开挖必须采取放边坡或支护等方法，防止临边坍塌坠落；

（3）严禁人员坐靠在防护栏杆上；

（4）严禁攀登水平支撑或撑杆。

第六章 安全工器具和生产用具

1．常用的安全工器具有哪些？其作用是什么？

答： 常用的安全工器具及其作用见表6-1。

表6-1　　常用的安全工器具及其作用

序号	类型	图示	名称	作用
1	绝缘安全工器具		接地线（10kV、35kV、66kV、110kV、220kV、500kV）	用于将已停电设备或线路临时短路接地，以防已停电的设备或线路上意外出现电压，对工作人员造成伤害，保证工作人员的安全
2			验电器（10kV、35kV、66kV、110kV、220kV、500kV）	检测电气设备或线路上是否存在工作电压
3			绝缘操作杆（棒）（10kV、35kV、66kV、110kV、220kV、500kV）	用于短时间对带电设备进行操作，如接通或断开高压隔离开关、跌落式熔断器或安装和拆除临时接地线及带电测量和试验等
4			个人保安线	用于保护工作人员防止感应电伤害

续表

序号	类型	图示	名称	作　用
5	绝缘安全工器具	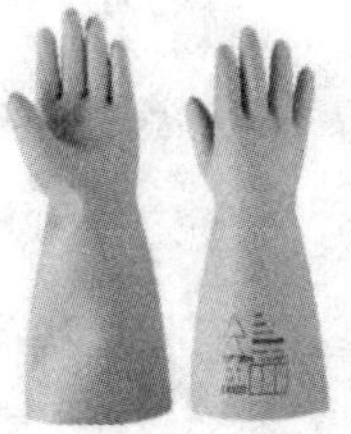	绝缘手套（500V、10kV、20kV、30kV）	在高压电气设备上进行操作时使用的辅助安全用具，如用于操作高压隔离开关、高压跌落开关、装拆接地线、在高压回路上验电等工作
6			绝缘鞋（靴）（10kV、20kV、25kV、30kV）	由特种橡胶制成用于人体与地面绝缘的靴子。作为防护跨步电压、接触电压的安全用具，也是高压设备上进行操作时使用的辅助安全用具
7			绝缘绳	由天然纤维材料或合成纤维材料制成的在干燥状态下具有良好电气绝缘性能的绳索，用于电力作业时，上下传递物品或固定物件
8			绝缘垫	是由特种橡胶制成的，用于加强工作人员对地绝缘的橡胶板，属于辅助绝缘安全工器具
9			绝缘罩	由绝缘材料制成，起遮蔽或隔离的保护作用，防止作业人员与带电体距离过近或发生直接接触
10			绝缘挡板	用于10kV、35kV设备上因安全距离不够而隔离带电部件、限制工作人员活动范围

续表

序号	类型	图示	名称	作　用
11	登高安全工器具		安全带	用于防止高处作业人员发生坠落或发生坠落后将作业人员安全悬挂
12			绝缘梯	由竹料、木料、绝缘材料等制成，用于电力行业高处作业的辅助攀登工具
13		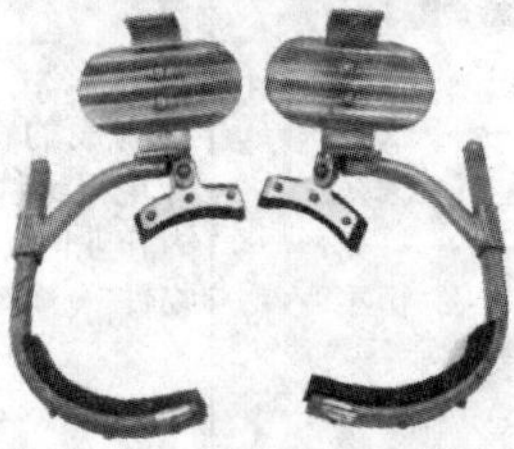	脚扣	套在鞋外，脚扣以半圆环和根部装有橡胶套或橡胶垫来实现防滑，能扣住围杆，支持登高，并能辅助安全带防止坠落
14		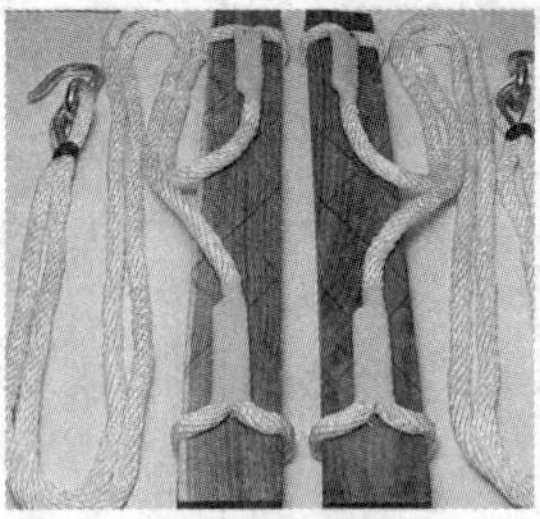	踏板（登高板、升降板）	用于攀登电杆的坚硬木板，是攀登水泥电杆的主要工具之一，且不论电杆直径大小均适用
15	个人安全防护用具		安全帽	用于保护使用者头部，使头部免受或减轻外力冲击伤害
16		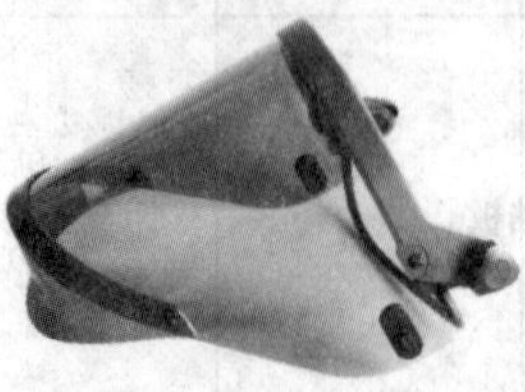	护目镜或防护面罩	在维护电气设备和进行检修工作时，保护工作人员不受电弧灼伤以及防止异物落入眼内

续表

序号	类型	图示	名称	作 用
17	个人安全防护用具		防电弧服	用于保护可能暴露于电弧和相关高温危害中人员躯干、手臂部和腿部的防护服，应与电弧防护头罩、电弧防护手套和电弧防护鞋罩（或高筒绝缘靴）同时使用
18		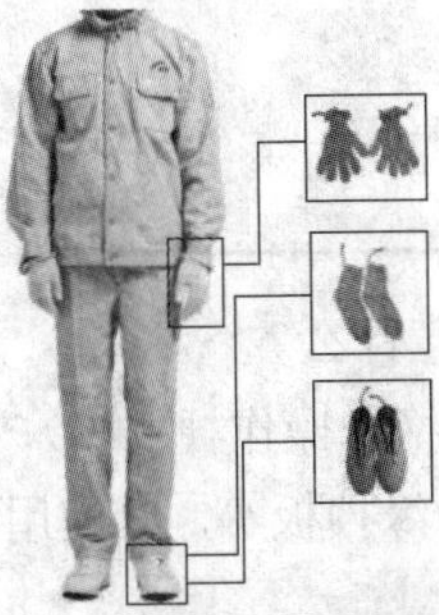	屏蔽服	保护作业人员在强电场环境中身体免受感应电伤害，具有消除感应电的分流作用
19	安全围栏（网）、临时遮栏		安全围栏（网）、临时遮栏	用于防护作业人员过分接近带电体或防止人员误入带电区域的一种安全防护用具，也可作为工作位置与带电设备之间安全距离不够时的安全隔离装置
20	安全技术措施标示牌		安全技术措施标示牌	在生产场所内设置标示牌主要起到警示和提醒作用，在需要采取防护的相关地方设置标示牌，目的是保证人身安全、减少安全隐患
21	安全工器具柜		安全工器具柜	用于存储工器具，防止工器具受潮，保持工器具的性能，延长安全工器具的寿命

2．安全工器具存放及运输需要注意哪些事项？

答：安全工器具存放及运输需要注意事项见表6-2。

表6-2　安全工器具存放、运输及其使用注意事项

使用情况	基本要求及注意事项
保管存放基本要求	（1）安全工器具存放环境应干燥通风，绝缘安全工器具应存放于温度－15～40℃、相对湿度不大于80%的环境中； （2）安全工器具室内应配置适用的柜、架，不准存放不合格的安全工器具及其他物品
储存运输基本要求	绝缘工具在储存、运输时不准与酸、碱、油类和化学药品接触，并要防止阳光直射或雨淋。橡胶绝缘用具应放在避光的柜内或支架上，上面不得堆压任何物件，并撒上滑石粉
使用前检查注意事项	安全工器具每月及使用前应进行外观检查，外观检查主要检查内容包括： （1）是否在产品有效期内和试验有效期内。 （2）螺丝、卡扣等固定连接部件是否牢固。 （3）绳索、铜线等是否断股。 （4）绝缘部分是否干净、干燥、完好，有无裂纹、老化，绝缘层脱落、严重伤痕等情况。 （5）金属部件是否有锈蚀、断裂等现象

3．绝缘安全工器具主要有哪些？使用上要注意什么？

答：绝缘安全工器具主要有接地线、验电器、绝缘操作杆（棒）、个人保安线、绝缘手套、绝缘鞋（靴）、绝缘绳、绝缘垫、绝缘罩、绝缘挡板等。其使用注意事项见表6-3。

表6-3　绝缘安全工器具及其使用注意事项

绝缘安全工器具名称	使用注意事项	试验周期
接地线	（1）使用接地线前，经验电确认已停电设备上确无电压。 （2）装设接地线时，先接接地端，再接导线端；拆除时顺序相反。 （3）装设接地线时，考虑接地线摆动的最大幅度外沿与设备带电部位的最小距离应不小于安全工作规程所规定的安全距离。 （4）严禁不用线夹而用缠绕方法进行接地线短路	≤5年
验电器	（1）按被测设备的电压等级，选择同等电压等级的验电器。 （2）验电器绝缘杆外观应完好，自检声光指示正常；验电时必须戴绝缘手套，使用拉杆式验电器前，需将绝缘杆抽出足够的长度。 （3）在已停电设备上验电前，应先在同一电压等级的有电设备上试验，确保验电器指示正常。 （4）操作时手握验电器护环以下的部位，逐渐靠近被测设备，操作过程中操作人与带电体的安全距离不小于安全工作规程所规定。 （5）禁止使用超过试验周期的验电器。 （6）使用完毕后应收缩验电器杆身，及时取下显示器，将表面擦净后放入包装袋（盒），存放在干燥处	1年
绝缘操作杆（棒）	（1）必须适用于操作设备的电压等级，且核对无误后才能使用；使用前用清洁、干燥的毛巾擦拭绝缘工具的表面。 （2）操作人应戴绝缘手套，穿绝缘靴；下雨天用绝缘杆（棒）在高压回路上工作，还应使用带防雨罩的绝缘杆。 （3）操作人应选择合适站立位置，与带电体保持足够的安全距离，注意防止绝缘杆被人体或设备短接，以保持有效的绝缘长度。 （4）使用过程中防止绝缘棒与其他物体碰撞而损坏表面绝缘漆。 （5）使用绝缘棒装拆地线等较重的物体时，应注意绝缘杆受力角度，以免绝缘杆损坏或被装拆物体失控落下，造成人员和设备损伤	1年

续表

绝缘安全工器具名称	使用注意事项	试验周期
个人保安线	（1）工作地段有邻近、平行、交叉跨越及同杆塔线路，需要接触或接近停电线路的导线工作时，应装设接地线或使用个人保安线。 （2）装设个人保安线应先装接地端，后接导体端，拆接顺序与此相反。 （3）装拆均应使用绝缘棒或专用绝缘绳进行操作，并戴绝缘手套，装、拆时人体不得触碰接地线或未接地的导线，以防止感应电触电。 （4）在同塔架设多回线路杆塔的停电线路上装设的个人保安线，应采取措施防止摆动，并满足在带电线路杆塔上工作与带电导线最小安全距离。 （5）个人保安线应在接触或接近导线前装设，作业结束，人员脱离导线后拆除。 （6）个人保安线应使用有透明护套的多股软铜线，截面积不应小于 $16mm^2$，并有绝缘手柄或绝缘部件。 （7）不应以个人保安线代替接地线。 （8）工作现场使用的个人保安线应放入专用工具包内，现场使用前应检查各连接部位的连接螺栓坚固良好	≤5 年
绝缘手套	（1）绝缘手套佩戴在工作人员双手上，且手指和手套指控吻合牢固；不能戴绝缘手套抓拿表面尖利、带电刺的物品，以免损伤绝缘手套。 （2）绝缘手套表面出现小的凹陷、隆起，如凹陷直径小于 1.6mm，凹陷边缘及表面没有破裂；凹陷不超过 3 处，且任意两处间距大于 15mm；小的隆起仅为小块凸起橡胶，不影响橡胶的弹性；手套的手掌和手指分叉处没有小的凹陷、隆起，绝缘手套仍可使用。 （3）沾污的绝缘手套可用肥皂和不超过 65℃的清水洗涤；有类似焦油、油漆等物质残留在手套上，在未清洗前不宜使用，清洗时应使用专用的绝缘橡胶制品去污剂，不得采用香蕉水和汽油进行去污，否则会损坏绝缘性；受潮或潮湿的绝缘手套应充分晾干并涂抹滑石粉后予以保存	6 个月
绝缘鞋（靴）	（1）绝缘靴不得作雨鞋或作其他用，一般胶靴也不能代替绝缘靴使用。 （2）使用绝缘靴应选择与使用者相符合的鞋码，将裤管套入靴筒内，并要避免绝缘靴触及尖锐的物体，避免接触高温或腐蚀性物质。 （3）绝缘靴应存放在干燥、阴凉的专用封闭柜内，不得接触酸、碱、油品、化学药品或在太阳下暴晒，其上面不得放压任何物品。 （4）合格与不合格的绝缘靴不准混放，超试验期的绝缘靴禁止使用。	6 个月
绝缘绳	（1）作业前应整齐摆放在绝缘帆布上，避免弄脏绝缘绳。 （2）高空作业时严禁乱扔、抛掷绝缘绳。 （3）使用前用清洁、干燥的毛巾擦拭表面，使用后必须清理干净并将绝缘绳捋好，避免打结错乱。 （4）校验不合格的或已过有效期限的绝缘绳必须立即更换，及时报废并销毁	6 个月
绝缘垫	（1）绝缘胶垫应保持干燥、清洁、完好，应避免阳光直射或锐利金属划刺；出现割裂、划痕、破损、厚度减薄，不足以保证绝缘性能等情况时，应及时更换。 （2）绝缘胶垫使用时应避免与热源距离太近，以防急剧老化变质使绝缘性能下降；不得与酸、碱、油品、化学药品等物质接触	1 年
绝缘罩	（1）必须适用于被遮蔽对象的电压等级，且核对无误后才能使用。 （2）绝缘罩上应有操作定位装置，以便可以用绝缘杆装设与拆卸；应有防脱落装置，以保证绝缘罩不会由于风吹等原因从它遮蔽的部位而脱落；绝缘罩上应安装一个或几个锁定装置，闭锁部件应便于闭锁或开启，闭锁部件的闭锁和开启应能使用绝缘杆来操作。 （3）如表面有轻度擦伤，应涂绝缘漆处理。 （4）绝缘罩只允许在 35kV 及以下电压的电气设备上使用，并应有足够的绝缘和机械强度。 （5）现场带电安放绝缘罩时，应戴绝缘手套、使用绝缘操作杆，必要时可用绝缘绳索将其固定	1 年

续表

绝缘安全工器具名称	使用注意事项	试验周期
绝缘挡板	（1）只允许在35kV及以下电压的电气设备上使用，并应有足够的绝缘和机械强度，用于10kV电压等级时，绝缘挡板的厚度不应小于3mm，用于35kV电压等级时不应小于4mm。 （2）现场带电安放绝缘挡板时，应使用绝缘操作杆并戴绝缘手套。 （3）绝缘挡板在放置和使用中要防止脱落，必要时可用绝缘绳索将其固定。 （4）绝缘挡板应放置在干燥通风的地方或垂直放在专用的支架上。 （5）装拆绝缘隔板时应按安全规程要求与带电部分保持足够距离，或使用绝缘工具进行装拆	1年

4．登高安全工器具主要有哪些？使用上要注意什么？

答：登高安全工器具主要有：安全带、绝缘梯、脚扣踏板（登高板、升降板）等，其使用注意事项见表6-4。

表6-4　登高安全工器具及其使用注意事项

登高安全工器具名称	使用注意事项	试验周期
安全带	（1）安全带应高挂低用，注意防止摆动碰撞；使用3m以上长绳应加缓冲器（自锁钩所用的吊绳例外）；缓冲器、速差式装置和自锁钩可以串联使用。 （2）不准将绳打结使用，也不准将钩直接挂在安全绳上使用，应挂在连接环上用。 （3）安全带上的各种部件不得任意拆除，更换新绳时要注意加绳套；使用频繁的绳。 （4）要经常做外观检查，发现异常时应立即更换新绳。 （5）不可将安全腰绳用于起吊工器具或绑扎物体等；安全腰绳使用时应受力冲击一次，并应系在牢固的构件上，不得系在棱角锋利处。 （6）安全带打在吊篮上进行电位转移时必须增加后备保护措施，主承力绳及保护绳应有足够的安全系数；作业移位、上下杆塔时不得失去安全带的保护。 （7）使用时应放在专用工具袋或工具箱内，运输时应防止受潮和受到机械、化学损坏；使用时安全带不得接触高温、明火和酸类、腐蚀性溶液物质	1年
绝缘梯	（1）为了避免梯子向背后翻倒，其梯身与地面之间的夹角不大于80°，为了避免梯子后滑，梯身与地面之间的夹角不得小于60°。 （2）使用梯子作业时一人在上工作，一人在下面扶稳梯子，不许两人上梯。 （3）严禁人在梯子上时移动梯子，严禁上下抛递工具、材料。 （4）硬质梯子的横档应嵌在支柱上，梯阶的距离不应大于40cm，并在距梯顶1m处设限高标志。 （5）靠在管子上、导线上使用梯子时，其上端需用挂钩挂住或用绳索绑牢；伸缩梯调整长度后，要检查防下滑铁卡是否到位起作用，并系好防滑绳，梯角没有防滑装置或防滑装置破损、折梯没有限制开度的撑杆或拉链的严禁使用。 （6）在梯子上作业时，梯顶一般不应低于作业人员的腰部，或作业人员在距梯顶不小于1m的踏板上作业，以防朝后仰面摔倒。 （7）人字梯使用前防自动滑开的绳子要系好，人在上面作业时不准调整防滑绳长度。人字梯应具有坚固的铰链和限制开度的拉链。 （8）在户外变电站和高压室内搬动梯子、管子等长物，应两人放倒搬运，并与带电部分保持足够的安全距离，以免人身触电气设备发生事故。 （9）作业人员在梯子上正确的站立姿势是：一只脚踏在踏板上，另一条腿跨入踏板上部第三格的空挡中，脚钩着下一格踏板；人员在上、下梯子过程中，人体必须要与梯子保持三点接触	1年

续表

登高安全工器具名称	使用注意事项	试验周期
脚扣	（1）登杆前，使用人应对脚扣做人体冲击检验，方法是将脚扣系于电杆离地0.5m左右处，借人体重量猛力向下蹬踩。 （2）按电杆直径选择脚扣大小，并且不准用绳子或电线代替脚扣绑扎鞋子。 （3）登杆时必须与安全带配合使用以防登杆过程发生坠落事故。 （4）脚扣不准随意从杆上往下摔扔，作业前后应轻拿轻放，并妥善存放在工具柜内。 （5）对于调节式脚扣登杆过程中应根据杆径粗细随时调整脚扣尺寸；特殊天气使用脚扣时，应采取防滑措施	1年
踏板（登高板、升降板）	（1）踏板使用前，要检查踏板有无裂纹或腐朽，绳索有无断股、松散。 （2）踏板挂钩时必须正钩，钩口向外、向上，切勿反钩，以免造成脱钩事故。 （3）登杆前，应先将踏板勾挂好使踏板离地面15～20cm，用人体作冲击载荷试验，检查踏板有无下滑、绳索无断裂、脚踏板无折裂，方可使用；上杆时，左手扶住钩子下方绳子，然后用右脚脚尖顶住水泥杆塔上另一只脚，防止踏板晃动，左脚踏到左边绳子前端。 （4）为保证在杆上作业使身体平稳，不使踏板摇晃，站立时两腿前掌内侧应夹紧电杆。 （5）登高板不能随意从杆上往下摔扔，用后应妥善存放在工具柜内。 （6）定期检查并有记录，不能超期使用；特殊天气使用登高板时，应采取防滑措施	半年

5．个人安全防护用具主要有哪些？使用上要注意什么？

答：个人安全防护用具主要有：安全帽、护目镜或防护面罩、防电弧服、屏蔽服等。其使用注意事项见6-5。

表6-5　　个人安全防护用具及其使用注意事项

个人安全防护用具名称	使用注意事项	试验周期
安全帽	（1）进入生产现场（包括线路巡线人员）应佩戴安全帽。 （2）安全帽外观（含帽壳、帽衬、下颏带和其他附件）应完好无破损；破损、有裂纹的安全帽应及时更换。 （3）安全帽遭受重大冲击后，无论是否完好，都不得再使用，应作报废处理。 （4）穿戴应系紧下颏带，以防止工作过程中或受到打击时脱落。 （5）长头发应盘入帽内；戴好后应将后扣拧到合适位置，下颏带和后扣松紧合适，以仰头不松动、低头不下滑为准	使用期限：从制造之日起，塑料帽≤2.5年，玻璃钢帽≤3.5年
护目镜	（1）不同的工作场所和工作性质选用相应性能的护目镜，如防灰尘、烟雾、有毒气体的防护镜必须密封、遮边无通风孔且与面部接触严密；吊车司机和高空作业车操作人员应使用防风防阳光的透明镜或变色镜。 （2）护目镜应存放在专用的镜盒内，并放入工具柜内	/
防电弧服	（1）需根据预计可能的危害级别，选择合适防护等级的个人电弧防护用品。 （2）作业前，必须确认整套防护用品穿戴齐全，无皮肤外表外露。 （3）使用后的防护用品应及时去除污物，避免油污残留在防护用品表面影响其防护性能。 （4）损坏的个人电弧防护用品可以修补后使用，修补后的防护用品符合DL/T 320—2019《个人电弧防护用品通用技术要求》的方可再次使用。 （5）损坏并无法修补的个人电弧防护用品应立即报废。 （6）个人电弧防护用品一旦暴露在电弧能量之后应报废	/

续表

个人安全防护用具名称	使用注意事项	试验周期
屏蔽服	（1）应在屏蔽服内穿一套阻燃内衣。 （2）上衣、裤子、帽子、鞋子、袜子与手套之间的连接头要连接可靠。 （3）帽子应收紧系绳，尽可能缩小脸部外露面积，但以不遮挡视线、脸部舒适为宜。 （4）不能将屏蔽服作为短路线使用。 （5）全套屏蔽服穿好后，将连接头藏入衣裤内，减少屏蔽服尖端。 （6）使用万用表的直流电阻档测量鞋尖至帽顶之间的直流电阻，应不大于 20Ω	/

6．安全围栏（网）主要有哪些？使用上要注意什么？

答：安全围栏（网）分为硬质围栏、软质围网。使用时需遵循以下原则：

（1）安全围栏（网）通常与标示牌配合使用，固定方式根据现场实际情况采用，应保证稳定可靠；

（2）围栏包围停电设备时，应留有出入口；

（3）围栏包围带电设备、危险区域时，围栏应封闭，不得留出入口；

（4）临时遮栏（围栏）与带电体有足够的安全距离；

（5）工作人员不得擅自移动或拆除遮栏（围栏）、标示牌；因工作原因必须短时移动或拆除遮栏（围栏）、标示牌，应征得工作许可人同意，并在工作负责人的监护下进行；完毕后应立即恢复；

（6）一张安全围网不够大时可以拼接，但应正确安装使用；围栏应使用纵向宽度为 0.8m 的网状围栏、安全警示带或红色三角小旗围栏绳，其装设高度以顶部距离地面 1.2m 为宜，安装方式可采用临时底座、固定地桩等；

（7）存放安全围网应避免与高温明火、酸类物质、有锐角的坚硬物体及化学药品接触。

7．作业现场安全标识主要有哪些？配置原则是什么？

答：作业现场安全标示主要有：禁止标识、警告标识、指令标识、提示标识，配置原则见表 6-6～表 6-9。

表 6-6　　禁止标识的配置原则

序号	图形标识	名称	配置原则
1	禁止合闸 有人工作	禁止合闸有人工作	（1）设置在一经合闸即可送电到已停电检修（施工）设备的断路器、负荷开关和隔离开关的操作把手上； （2）设置在已停电检修（施工）设备的电源开关或合闸按钮上； （3）当位置不足以设置图形标示牌时可采用小尺寸的文字形式标示牌，规格 120mm×80mm，采用白底红色，黑体字

续表

序号	图形标识	名称	配 置 原 则
2	禁止合闸 线路有人工作	禁止合闸线路有人工作	（1）设置在已停电检修（施工）的电力线路的断路器、负荷开关和隔离开关的操作把手上； （2）当位置不足以设置图形标示牌时可采用小尺寸的文字形式标示牌，规格 120mm×80mm，采用白底红色，黑体字
3	不同电源 禁止合闸	不同电源禁止合闸	（1）设置在作不同电源联络用（常开）的断路器、负荷开关和隔离开关的操作把手上或设备标示牌旁； （2）当位置不足以设置图形标示牌时可采用小尺寸的文字形式标示牌，规格 120mm×80mm，采用白底红色，黑体字
4	未经供电部门许可 禁止操作	未经供电部门许可禁止操作	（1）设置在用户电房里必须经供电部门许可才能操作的开关设备上； （2）当位置不足以设置带图形标示牌时可采用小尺寸的文字形式标示牌，规格 120mm×80mm，采用白底红色，黑体字
5	禁止烟火	禁止烟火	（1）设置在电房、材料库房内显著位置（入门易见）的墙上； （2）设置在电缆隧道出入口处，以及电缆井及检修井内适当位置； （3）设置在线路、油漆场所； （4）设置在需要禁止烟火的工作现场临时围栏上； （5）标志底边距地面约 1.5m 高

续表

序号	图形标识	名称	配置原则
6	 禁止攀登 高压危险	禁止攀登 高压危险	（1）设置在铁塔，或附爬梯（钉）、电缆的水泥杆上； （2）设置在配电变压器台架上，可挂于主、副杆上及槽钢底的行人易见位置，也可使用支架安装； （3）设置在户外电缆保护管或电缆支架上（如受周围限制可适当减少尺寸）； （4）标示牌底边距地面2.5～3.5m
7	 施工现场 禁止通行	施工现场 禁止通行	（1）设置在检修现场围栏旁； （2）设置在禁止通行的检修现场出入口处的适当位置
8	 禁止跨越	禁止跨越	（1）设置在电力土建工程施工作业现场围栏旁； （2）设置在深坑、管道等危险场所面向行人
9	 未经许可 不得入内	未经许可 不得入内	（1）设置在电房出入口处的适当位置； （2）设置在电缆隧道出入口处的适当位置

续表

序号	图形标识	名称	配置原则
10	门口一带严禁停放车辆，堆放杂物等	门口一带严禁停放车辆，堆放杂物等	（1）设置在电房的门上； （2）设置在变压器台架、变压器台的围栏或围墙的门上
11	禁止在电力变压器周围2米以内停放机动车辆或堆放杂物	禁止在电力变压器周围2米以内停放机动车辆或堆放杂物	（1）设置在城镇等人口密集地方的变压器台架上； （2）可挂于主、副杆上及槽钢底的行人易见位置，可使用支架安装

表 6-7　　警告标识的配置原则

序号	图形标识	名称	配置原则
1	止步　高压危险	止步 高压危险	（1）设置在电房的正门及箱式电房、电缆分支箱的外壳四周； （2）设置在落地式变压器台、变压器台架的围墙、围栏及门上； （3）设置在户内变压器的围栏或变压器室门上
2	当心触电	当心触电	（1）设置在临时电源配电箱、检修电源箱的门上； （2）设置在生产现场可能发生触电危险的电气设备上，如户外计量箱等

续表

序号	图形标识	名称	配 置 原 则
3	当心坠落	当心坠落	设置在易发生坠落事故的作业地点，如高空作业场地、山体边缘作业区等
4	当心火灾	当心火灾	设置在仓库、材料室等易发生火灾的危险场所

表 6-8　　指令标识的配置原则

序号	图形标识	名称	配 置 原 则
1	必须戴安全帽	必须戴安全帽	设置在生产场所、施工现场等的主要通道入口处
2	必须戴防护眼镜	必须戴防护眼镜	（1）设置在对眼睛有伤害的各种作业场所和施工场所； （2）悬挂在焊接和金属切割设备、车床、钻床、砂轮机旁； （3）悬挂在化学处理、使用腐蚀剂或其他有害物质场所

续表

序号	图形标识	名称	配置原则
3	必须戴防毒面具	必须 戴防毒面具	设置在具有对人体有害的气体、气溶胶、烟尘等作业场所，如：喷漆作业场地、有毒物散发的地点或处理由毒物造成的事故现场
4	必须戴防护手套	必须 戴防护手套	设置在易伤害手部的作业场所，如具有腐蚀、污染、灼烫、冰冻及触电危险等的作业地点
5	必须穿防护鞋	必须 穿防护鞋	设置在易伤害脚部的作业场所，如：具有腐蚀、灼烫、触电、砸（刺）伤等危险的作业地点
6	必须系安全带	必须 系安全带	（1）设置在高差1.5～2m周围没有设置防护围栏的作业地点； （2）设置在高空作业场所

续表

序号	图形标识	名称	配置原则
7	注意通风	注意通风	（1）设置在户内 SF_6 设备室的合适位置； （2）设置在密封工作场所的合适位置； （3）设置在电缆井及检修井入口处适当位置

表 6-9　　提示标识的配置原则

序号	图形标识	名称	配置原则
1		紧急出口	设置在便于安全疏散的紧急出口，与方向箭头结合设在通向紧急出口的通道、楼梯口等处
2		急救点	设置在现场急救仪器设备及药品的地点

续表

序号	图形标识	名称	配置原则
3	从此上下	从此上下	设置在现场工作人员可以上下的棚架、爬梯上
4	在此工作	在此工作	设置在工作地点或检修设备上

8．安全工器具柜主要有哪些？使用上要注意什么？

答：安全工器具柜按照功能可以分为普通排风除湿柜、智能烘干除湿柜、智能抽湿除湿柜。使用时需遵循以下原则：

（1）安全工器具柜的柜体应保护接地，本柜设有漏电保护、过热保护装置；

（2）电源输入端与柜体绝缘强度≥5MΩ。

9．现场作业机具应该遵循的一般原则是什么？

答：现场作业机具应该遵循以下原则：

（1）施工机具应按出厂说明书、铭牌和相关标准的规定测试、试运转和使用，不应超负荷使用。

（2）施工机具应有专用库房存放，库房要经常保持干燥、通风。施工机具应统一编号，由专人保管和保养维护，入库、出库、使用前应进行检查。

（3）施工机具应定期试验。

（4）施工机具使用前必须进行外观检查，不应使用变形、破损、有故障等不合格的机具。

（5）电动机具在运行中不应进行维修或调整。维修、调整或工作中断时，应将其电源断开。严禁在运行中或机械未完全停止的情况下清扫、擦拭、润滑和冷却机械的转动部分。

10．现场作业机具主要有哪些？使用注意事项有哪些？

答：现场作业机具包括 SF_6 回收装置、滤油机、真空机组、高空作业车、吊车、移动应急灯、冲击钻、手电钻、袖珍磨机、电动扳手、电动液压油泵、液压冲孔机、电动液压钳、电焊机、电动螺丝刀、吸尘器、游标卡尺、管子钳、卷扬机、抱杆、滑车、钢丝绳（套）、卡线器等。现场使用的机具应经检验合格，严禁使用未经试验合格、已报废或存在安全隐患的机具。使用应注意以下事项：

（1）机具应按说明书或使用手册使用，遵循操作规程。

（2）机具的各种监测仪表以及制动器、限位器、安全阀和闭锁机构等安全装置应完好。具体要求见表 6-10。

表 6-10　　现场作业机具的使用注意事项

现场作业机具名称	使用注意事项	试验周期
卷扬机	（1）作业前应进行检查和试车，确认卷扬机设置稳固，防护设施完备。 （2）作业中发现异响、制动不灵等异常情况时，应立即停机检查，排除故障后方可使用。 （3）卷扬机未完全停稳时不得换挡或改变转动方向。 （4）设置导向滑车应对正卷筒中心。导向滑轮不得使用开口拉板式滑轮。滑车与卷筒的距离不应小于卷筒（光面）长度的 20 倍，与有槽卷筒不应小于卷筒长度的 15 倍，且应不小于 15m。 （5）卷扬机不得在转动的卷筒上调整牵引绳位置。 （6）卷扬机必须有可靠的接地装置	每月检查 1 年
抱杆	抱杆出现以下情况需要禁止使用： （1）圆木抱杆：木质腐朽、损伤严重或弯曲过大。 （2）金属抱杆：整体弯曲超过杆长的 1/600。 （3）局部弯曲严重、磕瘪变形、表面严重腐蚀、缺少构件或螺栓、裂纹或脱焊。 （4）抱杆脱帽环表面有裂纹、螺纹变形或螺栓缺少	/
卡线器	（1）卡线器的规格、材质应与所夹持的线（绳）规格、材质相匹配。 （2）卡线器有裂纹、弯曲、转轴不灵活或钳口斜纹磨平等缺陷时不应使用	1 年
双钩紧线器	（1）换向爪失灵、螺杆无保险螺丝、表面裂纹或变形等严禁使用。 （2）紧线器受力后应至少保留 1/5 有效丝杆长度	1 年
手电钻、电砂轮	使用手电钻、电砂轮等手用电动工具时，需注意以下安全事项： （1）安设漏电保护器，同时工具的金属外壳应防护接地或接零。 （2）若使用单相手用电动工具时，其导线、插销、插座应符合单相三眼的要求。使用三相的手动电动工具，其导线、插销、插座应符合三相四眼的要求。 （3）操作时应戴好绝缘手套和站在绝缘板上。 （4）不得将工件等中午压在导线上，以防止轧断导线发生触电	1 年
钢丝绳	钢丝绳（套）应定期浸油，有以下情况时需要报废或截除： （1）钢丝绳在一个节距内的断丝根数超过有关规定时。 （2）绳芯损坏或绳股挤出、断裂。 （3）笼状畸形、严重扭结或金钩弯折。 （4）压扁严重，断面缩小，实测相对公称直径缩小 10%（防扭钢丝绳的 3%）时，未发现断丝也应予以报废。 （5）受过火烧或电灼，化学介质的腐蚀外表出现颜色变化时。 （6）钢丝绳的弹性显著降低，不易弯曲，单丝易折断时。 （7）钢丝绳断丝数量不多，但断丝增加很快者	1 年
卸扣	卸扣使用需遵循以下要求： （1）当卸扣有裂纹、塑性变形、螺纹滑牙、销轴和扣体断面磨损达原尺寸 3%～5%时不得使用。卸扣的缺陷不允许补焊。 （2）卸扣不应横向受力。 （3）销轴不应扣在活动的绳套或索具内。 （4）卸扣不应处于吊件的转角处。 （5）不应使用普通材料的螺栓取代卸扣销轴	1 年

续表

现场作业机具名称	使用注意事项	试验周期
合成纤维吊装带	合成纤维吊装带使用需遵循以下要求： （1）使用前应对吊装进行检查，表面不得有横向、纵向擦破或割口、软环及末端件损坏等，损坏严重者应做报废处理。 （2）缝合处不允许有缝合线断头，织带散开。 （3）吊装带不应拖拉、打结使用，有载荷时不应转动货物使吊扭拧。 （4）吊装带不应与尖锐、棱角的货物接触，如无法避免应装设必要的护套。 （5）不得长时间悬吊货物。吊装带用于不同承重方式时，应严格按照标签给予定值使用	1年
纤维绳	纤维绳使用需遵循以下要求： （1）使用中应避免刮磨与热源接触等。 （2）绑扎固定不得用直接系结的方式。 （3）使用时与带电体有可能接触时，应按 GB/T 13035—2008《带电作业用绝缘绳索》的规定进行试验、干燥、隔潮等	1年

11．滑车出现哪些情况时应报废？

答：滑车出现以下情况时应报废：

（1）出现裂纹；

（2）轮槽径向磨损量达钢丝绳名义直径的25%；

（3）轮槽壁厚磨损量达基本尺寸的10%；

（4）轮槽不均匀磨损量达3mm；

（5）其他损害钢丝绳的缺陷。

12．吊钩出现哪些情况时应报废？

答：吊钩出现以下情况时应报废：

（1）出现裂纹；

（2）危险断面磨损量大于基本尺寸的5%；

（3）吊钩变形超过基本尺寸的10%；

（4）扭转变形超过10°；

（5）危险断面或吊钩颈部产生塑性变形。

13．油锯有哪些使用要求？

答：油锯使用需遵循以下要求：

（1）使用油锯的作业，应由熟悉机械性能和操作方法的人员操作，并戴防护眼镜；

（2）使用时应检查所能锯到的范围内有无铁钉等金属物件，防止金属物体飞出伤人。

14．携带型火炉或喷灯有哪些使用要求？

答：携带型火炉或喷灯使用需遵循以下要求：

（1）使用携带型火炉或喷灯时，火焰与带电部分的距离需满足要求，电压在10kV及以下者不应小于1.5m，电压在10kV以上者不得小于3m；

（2）不应在带电导线、带电设备、变压器、油断路器附近以及在电缆夹层、隧道、沟道内对火炉或喷灯加油及点火。

15．智能绝缘测试仪使用过程中需要注意什么？

答：智能绝缘测试仪使用过程中需要注意以下几点：

（1）测量前必须将被测设备电源切断，并对地短路放电，决不允许设备带电进行测量，以保证人身和设备的安全；

（2）对可能感应出高电压的设备，必须消除这种可能性后才能进行测量。

（3）被测物表面要清洁，减少接触电阻，确保测量结果的正确性。

（4）测量前要检查绝缘电阻表是否处于正常工作状态下，主要检查其“0”和“∞”两点位置。即摇动手摇发电机手柄，使电机达到额定转速。绝缘电阻表在短路时，指针应指在“0”位置；开路时，指针应指在“∞”位置。

（5）绝缘检测仪使用时应放在平稳、牢固的地方，且远离大的外电流导体和外磁场。

（6）必须正确接线。绝缘电阻表上一般有三个接线柱，其中L接在被测物和大地绝缘的导体部分，E接被测物的外壳或大地。G接在被测物的屏蔽上或不需要测量的部分。测量绝缘电阻时，一般只用“L”和“E”端，但在测量电缆对地的绝缘电阻或被测设备的漏电流较严重时，就要使用“G”端，并将“G”端接屏蔽层或外壳。线路接好后，可按顺时针方向转动摇把，摇动的速度应由慢而快，当转速达到每分钟120转左右时（ZC-25型），保持匀速转动，1min后读数，并且要边摇边读数，不能停下来读数。

（7）摇测时将绝缘电阻表置于水平位置，摇把转动时其端钮间不许短路。摇动手柄应由慢渐快，若发现指针指零说明被测绝缘物可能发生了短路，这时就不能继续摇动手柄，以防表内线圈发热损坏。读数完毕，将被测设备放电。放电方法是将测量时使用的地线从绝缘电阻表上取下来与被测设备短接一下即可（不是绝缘检测仪放电）。

16．如何防止机具试验标签脱落？

答：在实际使用中的确会存在脱落、磨损等情况发生，使用透明胶进行缠绕加固，并通过复印及时进行补充。

17．电力作业现场常见的特种设备主要有哪些？其管理的注意事项有哪些？

答：电力企业常用的特种设备有锅炉、压力容器（含气瓶）、压力管道、电梯、起重机械（高空作业车、吊车）、场（厂）内专用机动车辆等。

管理需注意以下事项：

（1）做好登记管理，在投入使用前或者投入使用后三十日内，向负责特种设备安全监督管理的部门办理使用登记，取得使用登记证书。登记标志应当置于该特种设备的显著位置。

（2）做好日常管理，进行经常性维护保养和定期自行检验并作出记录。

18．使用特种设备人员资质有哪些要求？

答：特种作业人员应按照国家有关规定经专门的安全作业培训，并经相关管理机构考核合格，取得法定特种作业人员证书，方可从事相应的特种作业。

19．起重机械起升机构有哪些安全要求？

答：起重机械起升机构需满足以下安全要求：

（1）为防止钢丝绳脱槽，卷筒装置上应用压板固定；

（2）钢丝绳在卷筒上应有下降限位保护；

（3）每根起升钢丝绳两端都应固定。

20．起重机司机应该落实哪些安全操作技术？

答：起重机司机应落实以下安全操作技术：

（1）开机作业前，所有控制器是否置于零位；

（2）流动式起重机是否按要求平整好场地，支脚是否牢固可靠；

（3）不得带载调整起升、变幅机构的制动器；

（4）对紧急停止信号，无论何人发出都必须立即执行。

附录A 应 急 处 置

心肺复苏操作步骤见表A-1。

表A-1 心肺复苏操作步骤

步骤	具体操作
1．症状识别	（1）现场风险评估。确认现场及周边环境安全，避免二次伤害的发生。 （2）判断伤员意识。拍打患者肩部并大声呼叫（例如，先生怎么了），观察患者有无应答。 （3）判断生命体征。听呼吸看胸廓，观察患者有无呼吸和胸廓起伏；在喉结旁两横指或颈部正中旁三横指处，用食指和中指两指触摸颈动脉，观察有无搏动。以上操作要在10s内完成。如发现患者出现意识丧失，且无呼吸无脉搏，应立即进行心肺复苏
2．拨打120急救	（1）遇到这种情况不要慌张，立即进行以下处理。大声呼喊旁人帮忙拨打急救电话120，并设法取得AED（自动体外除颤器）； （2）若旁边无人时，需先对患者行心肺复苏术，与此同时拨打急救电话120，电话可开免提，以避免影响心肺复苏术的操作
3．实施步骤及注意事项	（1）胸外按压。 1）放置患者于平整硬地面。将患者放置于平整硬地面上，呈仰卧位，其目的是保证进行胸外按压时，有足够按压深度。 2）跪立在患者一侧，两膝分开，与肩同宽。 3）开始胸外按压。找准正确按压点，保证按压力量、速度和深度。 ①找准正确按压点：找准患者两乳头连线的中点部位（胸骨中下段），右手（或左手）掌根紧贴患者胸部中点，双手交叉重叠，右手（或左手）五指翘起，双臂伸直。 ②保证按压力量、速度和深度：利用上身力量，用力按压30次，速度至少保证100～120次/分，按压深度至少5～6cm。按压过程中，掌根部不可离开胸壁，以免引起按压位置波动，而发生肋骨骨折。 （2）开放气道。按压胸部后，开放气道及清理口鼻分泌物。 1）仰头抬/举颏法开放气道：用一只手放置在患者前额，并向下压迫，另一只手放在颏部（下巴），并向上提起，头部后仰，使双侧鼻孔朝正上方即可。 2）清理口腔分泌物：将患者头偏向一侧，看患者口腔是否有分泌物，并进行清理；如有活动假牙，需摘除。 （3）人工呼吸。进行口对口人工呼吸前，一定要保证自身安全，在患者口部放置呼吸膜进行隔离，若无呼吸膜，可以用纱布、手帕、一次性口罩等透气性强的物品代替，但不能用卫生纸巾这类遇水即碎物品代替。用手捏住患者鼻翼两侧，用嘴完全包裹住患者嘴部，吹气两次。每次吹气时，需注意观察胸廓起伏，保证有效吹气，并松开紧捏患者鼻翼的手指；每次吹气，应持续1～2s，不宜时间过长，也不可吹气量过大
4．AED使用	（1）当取得AED（自动体外除颤器）后，打开AED电源，按照AED语音提示，进行操作； （2）根据电极片上的标示，将一个贴在右胸上部，另一个贴在左侧乳头外缘（可根据AED上的图片指示贴）； （3）离开患者并按下心电分析键，如提示室颤，按下电击按钮； （4）如一次除颤后未恢复有效心率，立即进行5个循环心肺复苏，直至专业医护人员赶到

注　以上步骤按照30:2的比例，重复进行胸外按压和人工呼吸，直到医护人员赶到；30次胸外按压和2次人工呼吸为一个循环，每5个循环检查一次患者呼吸、脉搏是否恢复，直到医护人员到场。当进行一定时间感到疲累时，及时换人持续进行，确保按压深度及力度。

有人触电时，确定潜在的事故或紧急情况下对其进行控制，为防止或减少人员伤亡和财产损失，产生不利影响特制定以下措施，具体见表A-2。

表 A-2 高压触电应急措施

序号	应 急 措 施
1	第一发现人首先切断电源，将触电者和带电部位分开。若触电者触电后未脱离电源，立即电话通知有关部门拉闸停电并拨打急救电话 120，或穿戴绝缘手套、绝缘靴，使用相应等级的绝缘工具协助触电者脱离电源。触电者脱离电源后迅速检查其伤情，在救护车到来之前，对触电者进行紧急救护
2	及时报告本单位负责人，将触电者抬到平整场地，进行心肺复苏。在触电者未脱离电源前，切勿直接接触触电者，切勿用潮湿物体搬动触电者，切勿使用金属物质或潮湿的工具拨动带电体或触电者
3	若触电者昏迷无呼吸脉搏，应立即进行心肺复苏，步骤如下：开放气道、胸外按压、人工呼吸（胸外按压和人工呼吸次数比例为 15:2），直至医院救护人员到来
4	拨打 120 急救电话，请求急救，并由专人负责对 120 急救车的引导工作
5	观察、检查与触电相邻部位的电器，设备等是否存在隐患
6	协助 120 急救人员，做些力所能及的工作

注 1. 在救护触电者期间择机报告上级。
2. 若触电者有皮肤灼伤，用剪刀小心剪开灼伤处衣物，在灼伤部位覆盖消毒纱布或清洁布，并用绷带或布条包扎。

有人触电时，确定潜在的事故或紧急情况下对其进行控制，为防止或减少人员伤亡和财产损失，产生不利影响特制定表 A-3 的措施。

表 A-3 低压触电应急措施

序号	应 急 措 施
1	立即切断电源，若无法及时找到电源或因其他原因无法断电，可用干燥的木棍、橡胶、塑料制品等绝缘物体使触电者脱离带电体，或站在木凳、塑料凳等绝缘物体上设法使触电者脱离带电体
2	立即电话通知有关部门拉闸停电并拨打急救电话 120，请求急救，并由专人负责对 120 急救车的引导工作
3	触电者脱离电源后迅速检查其伤情，在救护车到来之前，对触电者进行紧急救护
4	及时报告本单位负责人，将触电者抬到平整场地，进行心肺复苏。在触电者未脱离电源前，切勿直接接触触电者，切勿用潮湿物体搬动触电者，切勿使用金属物质或潮湿的工具拨动带电体或触电者
5	若触电者昏迷无呼吸脉搏，应立即进行心肺复苏，步骤如下：开放气道、胸外按压、人工呼吸（胸外按压和人工呼吸次数比例为 15:2），直至医院救护人员到来
6	若触电者有皮肤灼伤，用剪刀小心剪开灼伤处衣物，在灼伤部位覆盖消毒纱布或清洁布，并用绷带或布条包扎，勿涂抹药膏

注 1. 在救护触电者期间择机报告上级。
2. 若触电者有皮肤灼伤，用剪刀小心剪开灼伤处衣物，在灼伤部位覆盖消毒纱布或清洁布，并用绷带或布条包扎。

高处坠落应急措施见表 A-4。

表 A-4　　高处坠落应急措施

流程	应急措施
1．事故快报	及时报告上级现场情况。当发生高空坠落事故时，现场的第一发现人立即报告管理人员，说明发生事故地点、伤亡人数，并全力组织人员进行救护
	立即拨打 120 求救，并说明受伤人数、事故发生地点及现场人员受伤等基本情况。在救护车到来之前，对伤者进行紧急救护
	指定专人对接 120 急救人员，减少时间消耗，避免延误抢救时间
2．现场应急救护	应急人员到事故发生现场，排除事故发生地隐患，减少事故导致的次生灾害
	若伤者清醒，能够站起或移动身体，使其躺下用平托法转移到担架（或硬质平板）上，并送往医院做进一步检查（某些内脏损伤的症状具有延后性）
	若伤者失血，应立即采取包扎、止血急救措施，防止伤者因大量失血造成休克、昏迷
	若伤者出现颅脑损伤，用消毒纱布或清洁布等覆盖伤口，并用绷带或布条包扎。昏迷的必须维持其呼吸道通畅，清除口腔内异物，使之平卧，并使面部偏向一侧，以防舌根下坠或呕吐物流入造成窒息
	若伤者昏迷无呼吸脉搏，应立即进行心肺复苏：开放气道、胸外按压、人工呼吸（胸外按压和人工呼吸次数比例为 15:2），直至医院救护人员到来
	严禁随意搬动伤者，禁止一人抬肩一人抬腿的搬运法，防止拉伤脊椎造成永久伤害，导致或加重伤情

注　1．若无呼吸脉搏，先观察创口，若出血量大，优先包扎止血，否则优先进行心肺复苏。
2．平托法即在伤者一侧将小臂伸入伤者身下，并有人分别托住头、肩、腰、胯、腿等部位，同时用力，将伤者平稳托起，再平稳放在担架上。
3．在救护伤者期间择机报告上级。

物体打击应急措施见表 A-5。

表 A-5　　物体打击应急措施

流程	应急措施
1．事故快报	及时报告上级现场情况。当发生物体打击人身伤亡事故时，现场的第一发现人立即报告管理人员，说明发生事故地点、伤亡人数，并全力组织人员进行救护
	立即拨打 120 求救，并说明受伤人数、事故发生地点及现场人员受伤等基本情况。在救护车到来之前，对伤者进行紧急救护
	指定专人对接 120 急救人员，减少时间消耗，避免延误抢救时间
2．现场应急救护	应急人员到事故发生现场，排除事故发生地隐患，减少事故导致的次生灾害
	若伤者清醒，能够站起或移动身体，使其躺下用平托法转移到担架（或硬质平板）上，并送往医院做进一步检查（某些内脏损伤的症状具有延后性）
	若伤者失血，应立即采取包扎、止血急救措施，防止伤者因大量失血造成休克、昏迷
	若伤者出现颅脑损伤，用消毒纱布或清洁布等覆盖伤口，并用绷带或布条包扎。昏迷的必须维持其呼吸道通畅，清除口腔内异物，使之平卧，并使面部偏向一侧，以防舌根下坠或呕吐物流入造成窒息
	若伤者昏迷无呼吸脉搏，应立即进行心肺复苏：开放气道、胸外按压、人工呼吸（胸外按压和人工呼吸次数比例为 15:2），直至医院救护人员到来
	严禁随意搬动伤者，禁止一人抬肩一人抬腿的搬运法，防止拉伤脊椎造成永久伤害，导或加重伤情

注　1．若无呼吸脉搏，先观察创口，若出血量大，优先包扎止血，否则优先进行心肺复苏。
2．平托法即在伤者一侧将小臂伸入伤者身下，并有人分别托住头、肩、腰、胯、腿等部位，同时用力，将伤者平稳托起，再平稳放在担架上。
3．在救护伤者期间择机报告上级。

高温中暑应急措施见表A-6。

表A-6 高温中暑应急措施

流程	应急措施
1．事故快报	及时报告上级现场情况。当发生高温中暑人身伤亡事故时，现场的第一发现人立即报告管理人员，并说明发生事故地点、伤亡人数，并全力组织人员进行救护
	立即拨打120求救，并说明受伤人数、事故发生地点及现场人员受伤等基本情况。在救护车到来之前，对伤者进行紧急救护
	指定专人对接120急救人员，减少时间消耗，避免延误抢救时间
2．现场应急救护	应急人员到事故发生现场，排除事故发生地隐患，减少事故导致的次生灾害
	尽快脱离高温环境，将中暑患者转移至阴凉处
	使患者平躺休息，垫高双脚增加脑部血液供应。若患者有呕吐现象，应使其侧卧以防止呕吐物堵塞呼吸道
	解开患者衣物（应考虑性别差异和尊重隐私），使用扇风和冷水反复擦拭皮肤等方式进行降温。若患者持续高温或中暑症状不见改善，应尽快送至医院治疗
	给患者补充淡盐水，或饮用含盐饮料以补充水和电解质（切勿大量饮用白开水，否则可能导致水中毒）

注 水中毒即出现中暑症状时，人身体已通过汗液排出大量的钠，若短时间内大量饮用淡水，会进一步稀释血液中的钠，导致低钠血症，水分渗入细胞使之膨胀水肿，若脑细胞发生水肿，颅内压增高，有可能会造成脑组织受损，出现头晕眼花、呕吐、虚弱无力、心跳加快等症状，严重者会发生痉挛、昏迷甚至危及生命。

溺水应急措施见表A-7。

表A-7 溺水应急措施

流程	应急措施
1．事故快报	及时报告上级现场情况。当发生溺水人身伤亡事故时，现场的第一发现人立即报告管理人员，并说明发生事故地点、伤亡人数，并全力组织人员进行救护
	立即拨打120求救，并说明受伤人数、事故发生地点及现场人员受伤等基本情况。在救护车到来之前，对伤者进行紧急救护
	指定专人对接120急救人员，减少时间消耗，避免延误抢救时间
2．现场应急救护	（1）溺水自救。 1）保持冷静，不要在水中挣扎，争取将头部露出水面大声呼救，如头部不能露出水面，将手臂伸出水面挥舞，吸引周围人员注意来营救。 2）采用仰体卧位（又称“浮泳”），头后仰，四肢在水中伸展并以掌心向下压水增加浮力；嘴向上，尽量使口鼻露出水面呼吸，全身放松，呼气要浅，吸气要深（深吸气时人体比重可降至比水略轻而浮出水面）；保持用嘴换气，避免呛水，尽可能保存体力，争取更多获救时间
	（2）溺水救人。 1）迅速向溺水者抛掷救生圈、木板等漂浮物，或递给溺水者木棍、绳索等助其脱险（不会游泳者严禁直接下水救人）。 2）下水救援时，为防止被溺水者抓、抱，应绕至溺水者背后，用手托其腋下，使其口鼻露出水面，采用侧泳或仰泳方式拖运溺水者上岸。 3）上岸后若溺水者有呼吸、脉搏，立即进行控水：清除溺水者口鼻异物，保持呼吸道通畅，并使其保持稳定侧卧位，使口鼻能够自动排出液体。 4）若溺水者昏迷无呼吸、脉搏，立即拨打急救电话120，在救护车到来之前，对伤者进行紧急救护（如人手充裕，可在救护的同时安排人员拨打急救电话）。

续表

流程	应 急 措 施
2．现场应急救护	5）清理其口鼻异物并进行心肺复苏：开放气道、胸外按压、人工呼吸（胸外按压和人工呼吸次数比例为 15:2）

注　溺水者死因往往不是呛水太多，而是反射性窒息（即干性溺水，落水后因冷水刺激或精神紧张等原因导致喉头痉挛，没有呼吸动作，空气和水都无法进入），所以若溺水者无呼吸、脉搏，立即进行心肺复苏，无需控水。

灼伤现场应急措施见表 A-8。

表 A-8　　灼伤现场应急措施

流程	应 急 措 施
1．事故快报	及时报告上级现场情况。当发生灼伤事故时，现场的第一发现人立即报告管理人员，并说明发生事故地点、人员伤亡情况，并全力组织人员进行救护
	立即拨打 120 求救，并说明受伤人数、事故发生地点及现场人员受伤等基本情况。在救护车到来之前，对伤者进行紧急救护
	指定专人对接 120 急救人员，减少时间消耗，避免延误抢救时间
2．现场应急救护	发生灼烫事故后，迅速将烫伤人脱离危险区进行冷疗伤，面积较少的烫伤应用大量冷水清洗，大面积烫伤的要立即拨打 120 送到医院紧急救治
	发生灼烫事故后，如小面积烫伤，应马上用清洁的冷水冲洗 30min 以上，用烫伤膏涂抹在伤口上，同时送医院治疗。如大面积烫伤，应马上用清洁的冷水冲洗 30min 以上，同时，要立即拨打 120 急救，或派车将受伤人员送往医院救治
	衣服着火应迅速脱去燃烧的衣服，或就地打滚压灭火焰或用水浇，切记站立喊叫或奔跑呼救，避免面部和呼吸道灼伤
	高温物料烫伤时，应立即清除身体部位附着的物料，必要时脱去衣服，然后冷水清洗，如果贴身衣服与伤口粘连在一起时，切勿强行撕脱，以免伤口加重，可用剪刀先剪开，然后将衣服慢慢地脱去
	当皮肤严重灼伤时，必须先将其身上的衣服和鞋袜小心脱下，最好用剪刀一块块剪下。由于灼伤部位一般都很脏，容易化脓溃烂，长期不能治愈，因此，救护人员的手不得接触伤者的灼伤部位，不得在灼伤部位涂抹油膏、油脂或其他护肤油。保留水泡皮，也不要撕去腐皮，在现场附近，可用干净敷料或布类保护创面，避免转送途中再污染、再损伤。同时应初步估计烧伤面积和深度
	动用最便捷的交通工具，及时把伤者送往医院抢救，运送途中应尽量减少颠簸。同时，密切注意伤者的呼吸、脉搏、血压及伤口的情况

注　1．对烫伤严重的应禁止大量饮水防止休克。
2．对呼吸道损伤的应保持呼吸畅通，解除气道阻塞。
3．在救援过程中发生中毒、休克的人员，应立即将伤者撤离到通风良好的安全地带。
4．如果受伤人员呼吸和心脏均停止时，应立即采取人工呼吸。
5．在医务人员未接替抢救之前，现场抢救不得放弃现场抢救。

火灾逃生应急措施见表 A-9。

表 A-9　　火灾逃生应急措施

流程	应 急 措 施
1．事故快报	及时报告上级现场情况。当发生火灾事故时，现场的第一发现人立即拨打火警电话 119 报警并报告上级，并说明发生事故地点、人员伤亡情况，并全力组织人员进行救护
	指定专人对接 119 应急救援人员，减少时间消耗，避免延误抢救时间

续表

流程	应 急 措 施
2. 现场应急救护	发现火情后立即启动附近火灾报警装置，发出火警信号
	火势较小，尝试利用就近的灭火器材（消防设施）尽快扑灭
	灭火要点： （1）电器、电路和电气设备着火，先切断电源再灭火。 （2）精密仪器着火宜采用二氧化碳灭火器灭火。 （3）燃气灶、液化气罐着火，先关闭阀门再灭火；若阀门损坏，用棉被、衣物浸水后覆盖灭火；切不可将着火的液化气罐放倒地上，否则可能发生爆炸。 （4）炒菜油锅着火，关闭燃气阀门或切断电磁炉等电器电源，使用锅盖覆盖，或用棉被、衣物浸水后覆盖灭火，切不可浇水灭火，否则可能发生爆燃
	火势较大、无法控制、无法判明或发展较快时，迅速逃离至安全地带，并逃生时应佩戴消防自救呼吸器或用湿毛巾捂住口鼻，同时压低身姿，按安全出口指示沿墙体谨慎前行，逃生过程禁乘电梯，不要贸然跳楼

注 报警时要说明火灾地点、火势大小、燃烧物及大约数量和范围、有无人员被困、报警人姓名及电话号码。

食物中毒应急措施见表A-10。

表A-10 食物中毒应急措施

流程	应 急 措 施
1. 事故快报	及时报告上级现场情况。当发生食物中毒时，现场的第一发现人立即拨打120急救电话并报告上级，并说明发生事故地点、人员伤亡情况，并全力组织人员进行救护
	指定专人对接120应急救援人员，减少时间消耗，避免延误抢救时间
2. 现场应急救护	立即停止食用可疑食品，进行紧急救护
	大量饮用洁净水来稀释毒素
	若患者意识清醒，可用筷子或手指向其喉咙深处刺激咽后壁、舌根进行催吐，服用鲜生姜汁或者较浓的盐开水也可起到催吐作用
	若患者昏迷并有呕吐现象，应使其侧卧以防止呕吐物堵塞呼吸道
	若患者出现抽搐、痉挛症状，用手帕缠好筷子塞入口中，防止咬破舌头
	若患者进食可疑食品超过两小时且精神状态仍较好，可服用适量泻药进行导泻

注 1. 报告上级并及时送患者就医，用塑料袋留存呕吐物或大便，一并带去医院检查。
2. 对可疑食品进行封存、隔离，向当地疾病预防控制机构和市场监督管理部门报告。

电梯事故应急措施见表A-11。

表A-11 电梯事故应急措施

事故情形	应 急 措 施
1. 电梯运行速度不正常	立即按下低于当前楼层的所有楼层按钮，预防电梯失控下坠
	将背部紧贴电梯内壁，双腿微弯并提起脚尖，以缓冲电梯失控后造成的纵向冲击，保护脊椎
	若电梯内有扶手，握紧扶手固定身体位置；若电梯内没有扶手，双手抱颈保护颈椎
2. 受困电梯内	保持冷静，勿轻易强行开门爬出，以防爬出过程中电梯突然开动造成伤害
	立即通过电梯内警铃、对讲机或手机与外界联系寻求救援
	若无法联系外界，则大声呼救或间歇性拍打电梯门进行求救

续表

事故情形	应急措施
3．电梯门夹人	稳定被夹人员情绪，并立即联系物管人员使用电梯钥匙开门，同时寻找大小合适的坚硬物体插入夹缝，防止被夹空间继续缩小
	若电梯钥匙无效，寻找撬棍、铁管、大扳手等结实工具尝试扩张被夹处来解救被夹人员
	及时拨打急救电话 120 和火警电话 119 寻求救援和帮助
4．电梯运行中发生火灾	立即在就近楼层停靠，迅速逃离
	及时拨打火警电话 119 报警

道路交通安全救助措施见表 A-12。

表 A-12　道路交通安全救助措施

事故情形	救助措施
车辆自燃着火	立即靠边停车，熄火，开启双闪灯，设置警告标志
	若车辆仅冒烟无明火，可将引擎盖打开，使用干粉或二氧化碳灭火器灭火，灭火过程人员应站在上风向，避免吸入粉尘或二氧化碳气体
	若火势较大，则禁止打开引擎盖，人员立即撤离至安全位置，同时拨打火警电话 119，并报告上级
	指定专人对接 119 应急救援人员，减少时间消耗，避免延误抢救时间
车辆涉水	严禁盲目涉水，安全涉水深度应低于车轮半高
	切至低速挡，利用发动机输出大扭矩越过水中可能的障碍
	低速通过，避免推起过高水墙灌入车内；与其他涉水的大型车辆拉开距离，防止它们产生水浪过大涌入车内
	涉水过程应稳住油门不松，若熄火切勿再次点火，尽快将车辆拖至安全地带
	过水后，可在低速行驶时多次轻踩刹车，利用摩擦产生热能及时排除刹车片水分；有必要的停车检查车况，重点检查发动机舱电路和空气滤芯是否进水
车辆制动失灵	手动挡车辆立即挂至低速挡，自动挡车辆则切换到模拟手动挡并降档或切换到上坡/下坡挡（根据车辆不同叫法有所差异，具体可查看车辆说明书），并慢拉手刹利用发动机和手刹的阻力制动进行减速
	车速较高时切勿猛拉手刹以防侧滑甩尾导致翻车
	将车辆驶入应急车道，车辆停稳后拉紧手刹防止车辆滑动发生二次险情
	可以将车辆缓慢靠近路基、绿化带、墙壁、树木等坚实物体，利用车体剐蹭进行辅助减速，或驶入沙地、泥地、浅水池等柔软路面进行减速
	避让障碍物时，要遵循“先避人，后避物”的原则
交通事故	立即停车，开启双闪灯，设置警告标志
	若无人员伤亡，拍照留存证据后将车辆移至路边，勿阻碍其他车辆通行
	若有人员伤亡，优先救护伤者，保护现场，并拨打急救电话 120、交通事故报警电话 122 和保险理赔电话
	报告上级

暴恐应急措施见表 A-13。

表 A-13 暴恐应急措施

流程	应急措施
现场应急救护	不要惊慌，立即拨打电话 110 报警，并及时报告上级，立即丢弃妨碍逃生的负重逃离现场，逃离时不要拥挤推搡，若摔倒应设法靠近墙壁或其他坚固物体，防止发生踩踏挤伤
	被恐怖分子劫持时，沉着冷静，不反抗、不对视、不对话，在警察发起突袭瞬间，尽可能趴在地上，在警察掩护下脱离现场
	遭遇冷兵器袭击时，尽快逃离现场，可以利用建筑物、围栏、车体等隔离物躲避；无法躲避时尽量靠近人群，并联合他人利用随手能够拿到的木棍、拖把、椅子、灭火器等物品进行反抗自卫
	若遭遇枪击或炸弹袭击时，压低身姿逃离现场，无法及时逃离时立即蹲下、卧倒或借助立柱、大树干、建筑物外墙、汽车等质地坚硬物品或设施进行掩蔽
	若遭遇有毒气体袭击时，用湿布或将衣物沾湿捂住口鼻，尽量遮盖暴露的皮肤，并尽快转移至上风处，就近进入密闭性好的建筑物躲避，关闭门窗、堵住孔洞隙缝，关闭通风设备（包括空调、风扇、抽湿机、空气净化器等）
	若遭遇生物武器袭击时，利用随身物品遮掩身体和口鼻，迅速逃离污染源或污染区域，有条件的情况下要做好衣物和身体的更换、消毒和清洗，并及时就医

地震避难应急措施见表 A-14。

表 A-14 地震避难应急措施

地震区域	应急措施
高楼	远离外墙、门窗、楼梯、阳台等位置，以及玻璃制品或含有大块玻璃部件的物件和家具
	选择厨房、卫生间等有水源的小空间，或承重墙根、墙角等易于形成三角空间的地方，背靠墙面蹲坐；或者在坚固桌子、床铺等家具下躲藏
	不要乘坐电梯，不要贸然跳楼逃生
平房	头顶保护物立即逃离房间，不要躲在墙边
	若来不及逃离，就躲在结实的桌子底下或床边，尽量利用棉被、枕头、厚棉衣等柔软物品或安全帽等保护头部
室外	寻找开阔区域躲避，不要乱跑，保护好头部，可以蹲下或趴下降低重心，以免地面晃动时站不稳摔倒
	勿靠近易坍塌、倾倒的建筑物或物体（如烟囱、水塔、高大树木、立交桥，特别是有玻璃、幕墙的建筑物，以及电线杆、路灯、广告牌、危房、围墙等危险物）
车内	平稳减速并靠边停车，减速过程勿急刹车，除非发现前方路面发生坍塌或有障碍
	停稳车辆后熄火并拉紧手刹，迅速下车寻找开阔区域躲避，车门非必要情况下不要上锁，以备灾后车辆无法正常启动时方便清障

有限空间作业意外应急措施见表 A-15。

表 A-15 有限空间作业意外应急措施

流程	应急措施
1. 事故快报	及时报告上级现场情况。当发生窒息人身伤亡事故时，现场的第一发现人立即报告管理人员，并说明发生事故地点、伤亡人数，并全力组织人员进行救护
	立即拨打 120 求救，并说明受伤人数、事故发生地点及现场人员受伤等基本情况。在救护车到来之前，对伤者进行紧急救护
	指定专人对接 120 急救人员，减少时间消耗，避免延误抢救时间

续表

流程	应急措施
2. 现场应急救护	窒息性气体中毒救援应迅速将患者移离中毒现场至空气新鲜处，立即吸氧并保持呼吸道通畅
	心跳及呼吸停止者，应立即施行人工呼吸和体外心脏按压术，直至送达医院
	凡硫化氢、一氧化碳、氰化氢等有毒气体中毒者，切忌对其口对口人工呼吸（二氧化碳等窒息性气体除外），以防施救者中毒；宜采用胸廓按压式人工呼吸

注　接收到作业人员求救信号后，确认人员受伤情况，拨打急救电话。不得盲目施救，在保证自身安全的情况下，佩戴正压式呼吸器，吊救设施及时将人员拉离空间，将人员撤离至远离有限空间的安全环境，保持空气流通。

附录 B 现场作业督查要点

现场作业督查要点见表 B-1。

表 B-1 现场作业督查要点

序号	检查步骤	检查项目	检查内容
1	查阅资料	—	督查项目管理单位、监理单位、施工单位项目管理、人员到位、措施落实、安全检查等情况开展督查，是否发现问题并闭环管理，是否存在“老发现、老整改、老是整改不彻底”等现象，管理资料是否留有记录
2	现场观察		（1）根据资料查阅情况和对作业风险了解情况，现场组织是否合理、工作节奏是否有序、是否按施工方案要求逐步实施、整体工作环境是否安全。 （2）现场指挥、工作负责人、小组负责人、安全员等主要管理人员和现场监理人员是否按要求到位、是否有效管控现场。 （3）检查设备设施是否得到有效管理、状态是否安全，特种等作业人员是否具备资质，行为是否规范，工器具是否试验合格及性能良好，安全措施是否得到落实
3	现场询问		在不影响现场工作的前提下： （1）通过向现场主要管理人员询问现场组织、进度、安全管控总体情况。 （2）以“现场观察”发现的问题为导向，深入了解风险的控制措施落实情况，并通过现场观察的结果进行核查，挖掘管理性因素。 （3）抽查现场作业人员对风险控制措施的掌握情况，是否将安全注意事项、交底、防控措施落实到具体作业人员
4	人员管理	管理人员到位情况	（1）施工单位项目经理与投标组织架构不一致且未履行变更手续；分包单位现场负责人与报审架构不一致且未履行变更手续；监理单位项目总监理师与投标组织架构不一致且未履行变更手续。 （2）施工单位项目经理、分包单位现场负责人、监理单位项目总监理师长期不在现场，管理缺位。 （3）施工单位（含分包单位）现场技术负责人、安全员、质检员、监理单位现场监理人员现场缺位
5		持证上岗管理	（1）施工单位特殊工种人员未持有执业资格证书或证书失效，或者与岗位不对应。 （2）工作负责人、工作票签发人未通过“两种人”考试。 （3）作业人员未通过安全监管部门或项目管理部门或经授权业主项目部组织的安规考试，或者安规考试造假
6	施工机具与 PPE 管理（个人防护用品管理）	施工机具管理（非特种设备）	（1）运输索道、机动绞磨、卷扬机、起重机械、手拉葫芦、手扳葫芦、防扭钢丝绳、钢丝绳套、卡线器、紧线器等受力机具、工器具未按要求进行检验、校验。 （2）砂轮片、切割机、锯木机刀片等有裂纹、破损仍在使用。 （3）机械转动部分保护罩有破损或缺失。 （4）邻近带电设备施工时，现场处于使用状态的施工机械（具）和设备无人看护，对运行设备构成安全隐患
7		施工机具管理（特种设备）	（1）进场未报审、未定期进行检查、维护保养和检验（检测）。 （2）安装和拆卸单位不具备资质，安装、拆卸方案未经审查。 （3）未办理使用登记证
8		个人防护用品管理	（1）未按规定给作业人员配备合格的安全帽、安全带、劳保鞋等防护用品。 （2）个人防护用品未进行定期检验。 （3）施工人员未佩戴劳动防护用品或与作业任务不符。 （4）施工人员使用个人防护用品不规范

续表

序号	检查步骤	检查项目	检 查 内 容
9		施工勘查管理	现场勘查应查明项目施工实施时，需要停电的范围、保留的带电部位、装设接地线的位置、邻近线路、交叉跨越、多电源、自备电源、地下管线设施和作业现场的条件、环境及其他影响作业的危险点，组织填写《现场勘察记录》（重点关注临近或交叉跨越高、低压带电设备或线路的风险是否辨识）
10		作业施工计划管理	（1）抽查信息系统施工计划风险定级的准确性，是否存在人为降低风险等级的情况。 （2）施工计划信息未规范填写，包括：①作业风险等级与实际不符；②作业内容不清晰；③电压等级错误；④作业类型填报错误等。 （3）正在作业的施工现场发现无施工计划，擅自增加工作任务、擅自扩大作业范围、擅自解锁的
11		施工方案管理	（1）施工作业前未编制施工方案或方案未通过审批。 （2）施工过程未按施工方案施工。 （3）施工方案完成后未经验收合格即进入下道程序。 （4）基建工程规定需要编制专项施工方案的专项施工内容未编制专项施工方案。 （5）危险性较大的分部分项工程未编制安全专项方案，未经企业技术负责人审批或未召开专家论证会（超过一定规模的危险性较大的分部分项工程施工方案须开展专家论证）
12		两票管理	（1）无票作业、无票操作。 （2）工作票、操作票未规范填写、使用。 （3）工作票（或现场实际）安全措施不满足工作任务及工作地点要求
13	作业过程现场控制	安全技术交底（交代）	是否存在未对作业人员进行安全技术交底（交代）
14		安全“四步法”	是否存在未开站班会，或站班会安全技术交底等作与现场实际不符，安全控制措施未真正落实（现场询问施工现场人员，对安全交底内容是否清楚）
15		跨越、邻近带电设备作业	（1）跨越、邻近带电线路架线施工时未制定及落实“退重合闸”、防止导地线脱落、滑跑、反弹的后备保护措施。 （2）邻近带电线路架线施工时，导地线、牵引机未接地，邻近带电线路组塔时吊车未接地。 （3）同塔多回线路中部分线路停电的工作未采取防止误登杆塔、误进带电侧横担措施。 （4）现场作业人员、工器具、起重机械设备与带电线路（设备）不满足安全距离要求。 （5）跨越、邻近带电线路（设备）施工无专人监护；安全距离不满足要求时，未停电作业。 （6）在带电区域内或邻近带电导体附近，使用金属梯。 （7）施工作业存在感应电触电风险时，个人保安线、接地线松脱或未有效接地。 （8）低压配电网线路交叉作业未开展停电且在交叉跨越时未落实防触电措施
16		杆塔组立与线路架设作业	（1）采用突然剪断导线、地线的做法松线；利用树木或外露岩石作牵引或制动等主要受力锚桩。 （2）杆塔组立前，未全面检查工器具；超载荷使用工器具；杆塔组立后，杆根未完全牢固或做好拉线即上杆作业。 （3）放线、撤线前未检查拉线、拉桩及杆根，不能适用时未加设临时拉线加固，转角杆无内角拉线；松动电杆的导、地线、拉线未先检查杆根，未打好临时拉线。

续表

序号	检查步骤	检查项目	检　查　内　容
16	作业过程现场控制	杆塔组立与线路架设作业	（4）在邻近运行线路进行基础开挖施工时，未采取防止开挖对运行线路基础造成破坏的措施。 （5）铁塔组立时，地脚螺栓未及时加垫片，拧紧螺帽。 （6）放线、紧线与撤线作业时，工作人员站或跨在牵引线或架空线的垂直下方。 （7）杆塔组立过程中，使用丙纶绳或其他绳具替代钢丝绳作临时拉线
17		起重吊装作业	（1）起重吊装区域未设警戒线（围栏或隔离带）和悬挂警示标志。 （2）起重吊装作业未设专人指挥。 （3）绞磨或卷扬机放置不平稳，锚固不可靠。 （4）吊件或起重臂下方有人逗留或通过。 （5）在受力钢丝绳、索具、导线的内角侧有人。 （6）办公区、生活区等临建设施处于起重机倾覆影响范围内，安全距离不满足要求
18		脚手架及跨越架作业	（1）脚手架、跨越架搭设和拆除无施工方案，未按规定进行审核、审批。 （2）脚手架、跨越架未定期（每月一次）开展检查或记录缺失。 （3）脚手架、跨越架未经监理单位、使用单位验收合格，未挂牌即投入使用。 （4）脚手架、跨越架长时间停止使用或在强风（6级以上）、暴雨过后，未经检查合格就投入使用。 （5）脚手架未按规定搭设和拆除，未设置扫地杆、剪刀撑、抛撑、连墙件。 （6）脚手架的脚手板材质、规格不符合规范要求，铺板不严密、牢靠；架体外侧无封闭密目式安全网，网间不严密。 （7）临街或靠近带电设施的脚手架未采取封闭措施
19		爬梯作业	（1）移动式梯子超范围使用。 （2）使用无防滑措施梯子。 （3）使用移动式梯子时，无人扶持且无绑牢措施（即两种措施均未实施）。 （4）使用移动式梯子时,与地面的倾斜角过大或过小（一般60°左右）
20		夜间施工	（1）现场照明、通信设备不满足夜间施工要求。 （2）作业人员精神状态不满足夜间施工要求
21		危化品管理	（1）氧气瓶与乙炔气瓶同车运输。 （2）氧气瓶与乙炔瓶放置相距不足5m。 （3）氧气瓶或乙炔瓶距明火不足10m、未垂直放置、无防倾倒措施。 （4）使用中的乙炔瓶没有防回火装置。 （5）氧气软管与乙炔软管混用或有龟裂、鼓包、漏气
22	安全文明施工管理	安全文明施工	（1）现场成品保护差、安全文明状况差。 （2）检查发现的安全文明施工问题未按整改时间闭环。 （3）配电网工程现场未按规定设置“安全文明施工管理十条规范”标识。 （4）配电网工程现场未执行“安全文明施工管理十条规范”的相关内容
23		安全警示装置	（1）“楼梯口、电梯井口、预留洞口、通道口”“尚未安装栏杆的阳台周边，无外架防护的层面周边，框架工程楼层周边，上下跑道及斜道的两侧边，卸料平台的侧边”、预留埋管（顶管）口未设置可靠防护安全围栏、盖板，未设置明显的标示牌、警示牌。 （2）在车行道、人行道上施工，未根据属地区域规定选用围蔽装置，或未在来车方向设置警示牌。 （3）施工作业人员在夜间作业或道路、地下洞室作业时未穿着符合规范的反光衣。 （4）施工区域未按规定设置夜间警示装置

续表

序号	检查步骤	检查项目	检 查 内 容
24	安全文明施工管理	消防管理	（1）仓库、宿舍、加工场地、办公区、油务区、动火作业区及重要机械设备旁或山林、牧区，未配置相应的消防器材、设施。 （2）消防器材、设施无专人管理，未定期检查并填写记录。 （3）消防器材、设施过期或失效
25		临时用电	（1）电源箱设置不符合“一机、一闸、一保护”要求。 （2）漏电保护器的选用与供电方式、作业环境等不一致、不匹配。 （3）未使用插头而直接用导线插入插座，或挂在隔离开关上供电。 （4）熔丝采用其他导体代替。 （5）电源箱和用电机具未接地或接地不规范。 （6）电源线的截面、绝缘、架设（敷设）、接线、隔离开关安装等不满足规范要求。 （7）施工用电设备的日常维护不到位

附录C 常见工器具配置建议

常见电力安全工器具配置见表C-1。

表C-1 常见电力安全工器具配置建议表

专业班组 工器具类型	参考配置数量																存放方式
	变电巡维中心			变电检修	变电试验	变电继保、仪表、化学	输电线路	输电电缆	输电带电	配电运维、急修	配电带电	抄核收	计量及用电检查	计量拆装、检测	调度通信	调度自动化	
	110kV变电站	220kV变电站	500kV变电站														
安全帽（顶/人）	√	√	√	√	√	√	√	√	√	√	/	√	√	√	√	√	个人保存
绝缘工作鞋（双/人）	√	√	√	√	√	√	√	√	√	√	/	√	√	√	√	√	个人保存
护目镜（副/人）	√	√	√	/	/	/	√	√	√	√	/	/	√	/	/	/	工具柜（箱）
防电弧工作服（套/人）	√	√	√	√	√	√	√	√	/	√	/	/	√	√	/	/	工具柜（箱）
防电弧操作服（套/人）	√	√	√	/	/	/	/	/	/	√	/	/	/	/	/	/	工具柜（箱）
带电作业屏蔽服（套）	/	/	/	/	/	/	√	/	√	/	√	/	/	/	/	/	工具柜（箱）
带电作业防护服（套）	/	/	/	/	/	/	/	/	√	/	√	/	/	/	/	/	工具柜（箱）
正压式空气呼吸器（套）	√	/	/	/		/	/	/	/	/	/	/	/	/	/	/	工具柜（箱）
防毒面罩（个）	√	√	√	√	√	√	√	√	√	√	√	√	√	√	√	√	工具柜（箱）
SF_6防护服（套）	√	√	/	√	/	√	/	√	/	/	/	/	/	/	/	/	工具柜（箱）
220V验电笔（支）	√	√	√	√	√	/	√	√	√	√	√	√	√	√	√	√	工具柜（箱）
380V验电器（支）	√	√	√	/	/	√	/	/	/	√	√	√	√	√	/	/	工具柜（箱）
10kV验电器（支）	√	√	√	/	√	/	/	/	/	√	√	√	√	/	/	/	绝缘工具柜
20kV验电器（支）	√	√	√	/	√	/	/	√	/	√	√	/	√	/	/	/	绝缘工具柜

续表

专业班组 工器具类型	参考配置数量																存放方式
	变电巡维中心			变电检修	变电试验	变电继保、仪表、化学	输电线路	输电电缆	输电带电	配电运维、急修	配电带电	抄核收	计量及用电检查	计量拆装、检测	调度通信	调度自动化	
	110kV变电站	220kV变电站	500kV变电站														
35kV 验电器（支）	/	/	√	/	/	/	/	/	/	/	/	/	/	/	/	/	绝缘工具柜
66kV 验电器（支）	/	/	√	/	√	/	/	/	/	/	/	/	/	/	/	/	绝缘工具柜
110kV 验电器（支）	√	√	/	/	√	/	√	√	√	/	/	/	/	/	/	/	绝缘工具柜
220kV 验电器（支）	/	√	√	/	√	/	√	√	√	/	/	/	/	/	/	/	绝缘工具柜
500kV 验电器（支）	/	/	√	/	/	/	√	/	√	/	/	/	/	/	/	/	绝缘工具柜
10kV 接地棒（支）	√	√	√	/	√	/	/	/	/	√	√	/	√	/	/	/	绝缘工具柜
35kV 接地棒（支）	/	/	√	/	/	/	/	/	/	/	/	/	/	/	/	/	绝缘工具柜
66kV 接地棒（支）	/	/	√	/	√	/	/	/	/	/	/	/	/	/	/	/	绝缘工具柜
110kV 接地棒（支）	√	√	/	/	√	/	√	√	/	/	/	/	/	/	/	/	绝缘工具柜
220kV 接地棒（支）	/	√	√	/	√	/	√	√	/	/	/	/	/	/	/	/	绝缘工具柜
500kV 接地棒（支）	/	/	√	/	/	/	√	/	/	/	/	/	/	/	/	/	绝缘工具柜
10kV 操作杆（支）	√	√	√	/	√	/	/	/	/	√	√	/	√	/	/	/	绝缘工具柜
35kV 操作杆（支）	/	/	√	/	/	/	/	/	/	/	/	/	/	/	/	/	绝缘工具柜
66kV 操作杆（支）	/	/	√	/	√	/	/	/	/	/	/	/	/	/	/	/	绝缘工具柜
110kV 操作杆（支）	√	√	/	/	√	/	/	/	/	/	/	/	/	/	/	/	绝缘工具柜
220kV 操作杆（支）	/	√	√	/	√	/	/	/	/	/	/	/	/	/	/	/	绝缘工具柜
500kV 操作杆（支）	/	/	√	/	/	/	/	/	/	/	/	/	/	/	/	/	绝缘工具柜

续表

专业班组 / 工器具类型	参考配置数量																存放方式
	变电巡维中心			变电检修	变电试验	变电继保、仪表、化学	输电线路	输电电缆	输电带电	配电运维、急修	配电带电	抄核收	计量及用电检查	计量拆装、检测	调度通信	调度自动化	
	110kV变电站	220kV变电站	500kV变电站														
个人保安地线（组）	/	/	/	√	√	√	√	/	√	√	√	√	√	√	/	/	地线柜
380V 接地线（组）	√	√	√	/	/	√	/	/	/	√	/	√	√	/	/	/	地线柜
10kV 柜内接地线（组）	√	√	√	/	/	/	/	/	/	/	/	/	/	/	/	/	地线柜
10kV 变低母排接地线（组）	√	√	/	/	/	/	/	/	/	/	/	/	/	/	/	/	地线柜
10kV 配电线路接地线（组）	/	/	/	/	/	/	/	/	/	√	/	√	√	/	/	/	地线柜
20kV 接地线（组）	/	/	/	/	/	/	/	/	/	√	/	/	/	/	/	/	地线柜
35kV 接地线（组）	/	/	√	/	/	/	/	/	/	/	/	/	/	/	/	/	地线柜
66kV 接地线（组）	/	/	√	/	/	/	/	/	/	/	/	/	/	/	/	/	地线柜
110kV 接地线（组）	√	√	/	/	/	/	√	√	/	/	/	/	/	/	/	/	地线柜
220kV 接地线（组）	/	√	√	/	/	/	√	√	/	/	/	/	/	/	/	/	地线柜
500kV 接地线（组）	/	/	√	/	/	/	√	/	/	/	/	/	/	/	/	/	地线柜
绝缘挡板（块）	√	√	√	/	/	/	/	/	/	√	√	√	√	/	/	/	绝缘工具柜
绝缘靴（双）	√	√	√	/	√	/	√	√	√	√	√	/	/	/	/	/	绝缘工具柜
绝缘手套（双）	√	√	√	√	√	√	√	√	√	√	√	√	√	√	√	/	绝缘工具柜
绝缘垫（块）	√	√	√	√	√	√	√	√	√	√	√	√	√	√	/	/	安全工器具室
红布帘（大）（个）	√	√	√	/	/	/	/	/	/	/	/	/	/	/	/	/	安全工器具室

续表

工器具类型 \ 专业班组	参考配置数量																存放方式
	变电巡维中心			变电检修	变电试验	变电继保、仪表、化学	输电线路	输电电缆	输电带电	配电运维、急修	配电带电	抄核收	计量及用电检查	计量拆装、检测	调度通信	调度自动化	
	110kV变电站	220kV变电站	500kV变电站														
红布帘（小）（个）	√	√	√	/	/	/	/	/	/	/	/	/	/	/	/	/	安全工器具室
围栏网（15m）（套）	√	√	√	/	√	/	/	√	/	√	√	√	√	/	/	/	安全工器具室
便携式危险气体探测仪（个）	√	√	√	√	√	√	/	√	/	√	√	/	/	/	/	/	安全工器具室
绝缘梯（把）	√	√	√	√	√	√	√	√	√	√	√	√	√	√	√	/	安全工器具室
安全带（套）	√	√	√	√	√	√	√	√	√	√	√	√	√	/	/	/	普通工具柜
路锥（个）	/	/	/	/	/	/	√	√	√	√	√	/	/	/	/	/	划定区域
防坠器（套）	√	√	√	√	√	√	√	√	√	√	√	/	/	/	√	/	普通工具柜
登高板（踏板）（个）	/	/	/	/	/	/	/	/	/	√	√	/	/	/	/	/	普通工具柜
放电棒（个）	√	√	√	/	/	/	/	/	/	/	/	/	/	/	/	/	绝缘工具柜
绝缘夹钳（个）	√	√	√	/	/	/	/	/	/	/	/	/	/	/	/	/	绝缘工具柜
绝缘台（个）	√	√	√	/	/	/	/	/	/	/	/	/	/	/	/	/	安全工器具室
绝缘凳（个）	√	√	√	/	/	/	/	/	/	/	/	/	/	/	/	/	安全工器具室
SF_6气体检漏仪（个）	√	√	√	/	/	/	/	/	/	/	/	/	/	/	/	/	工具柜（箱）
安全警示、标示牌	根据所辖设备实际适量配备																安全工器具室

注 1. 安全工器具分为绝缘安全工器具、登高安全工器具、个人安全防护用具、安全围栏（安全网）、安全标识牌、工器具柜等种类。

2. 各变电站、配电班组结合实际电压等级、现场设备实际情况配置相应的安全工器具。

3. 各单位以上班组，参考本配置标准，并结合班组实际情况进行补充。各单位其他班组，参照以上相应班组的配置标准，根据实际需要进行配置。

常见测试设备配置见表C-2。

表 C-2　　常见测试设备配置建议表

专业班组 / 工器具类型	参考配置数量																存放方式
	变电巡维中心			变电检修	变电试验	变电继保、仪表、化学	输电线路	输电电缆	输电带电	配电运维、急修	配电带电	抄核收	计量及用电检查	计量拆装、检测	调度通信	调度自动化	
	110kV变电站	220kV变电站	500kV变电站														
变压器短路阻抗测试仪	/	/	/	√	/	/	/	/	/	√	/	/	/	/	/	/	划定区域
变压器局放测试仪	/	/	/	√	/	/	/	/	/	√	/	/	/	/	/	/	划定区域
变压器直流电阻仪	/	/	/	√	/	/	/	/	/	√	/	/	/	/	/	/	划定区域
测距仪	√	√	√	√	√	√	√	√	√	√	√	√	√	√	√	√	划定区域
地下管线探测仪	/	/	/	/	/	/	√	√	√	√	√	/	/	/	/	/	划定区域
电缆高阻故障精确定点仪	/	/	/	/	/	/	√	√	√	√	√	/	/	/	/	/	划定区域
电缆识别仪	/	/	/	/	/	/	√	√	√	√	√	/	/	/	/	/	划定区域
电力电缆故障测距仪	/	/	/	/	/	/	√	√	√	√	√	/	/	/	/	/	划定区域
电力电缆故障定点仪	/	/	/	/	/	/	√	√	√	√	√	/	/	/	/	/	划定区域
电流表	√	√	√	√	√	√	√	√	√	√	√	√	√	√	/	/	划定区域
电压表	√	√	√	√	√	√	√	√	√	√	√	√	√	√	/	/	划定区域
光功率计	/	/	/	/	/	/	/	/	/	/	/	/	/	/	√	√	划定区域
光纤熔接机	/	/	/	/	/	/	/	/	/	/	/	/	/	/	√	√	划定区域
红外测温仪	√	√	√	/	/	/	√	√	√	√	√	/	/	/	/	/	划定区域
红外热成像仪	√	√	√	/	/	/	√	√	√	√	√	/	/	/	/	/	划定区域

续表

工器具类型＼专业班组	参考配置数量																存放方式
	变电巡维中心			变电检修	变电试验	变电继保、仪表、化学	输电线路	输电电缆	输电带电	配电运维、急修	配电带电	抄核收	计量及用电检查	计量拆装、检测	调度通信	调度自动化	
	110kV变电站	220kV变电站	500kV变电站														
继电保护综合测试仪	/	/	/	/	√	√	/	/	/	/	/	/	/	/	/	/	划定区域
接地电阻测试仪	/	/	/	√	/	/	/	/	/	√	√	/	/	/	/	/	划定区域
开关柜局放测试仪	/	/	/	√	/	/	/	/	/	√	√	/	/	/	/	/	划定区域
气体检测仪	√	√	√	√	√	√	√	√	√	√	√	√	√	√	√	√	划定区域
钳形数字万用表	/	/	/	/	√	/	/	/	/	√	√	/	/	/	/	/	划定区域
数字万用表	/	/	/	/	√	/	/	/	/	√	√	/	/	/	/	/	划定区域
数字绝缘电阻表	/	/	/	/	√	/	/	/	/	√	√	/	/	/	/	/	划定区域
无线核相仪	/	/	/	/	√	/	/	/	/	√	√	/	/	/	/	/	划定区域
相位表	/	/	/	/	√	/	/	/	/	√	√	/	/	/	/	/	划定区域
相序表	/	/	/	/	√	/	/	/	/	√	√	/	/	/	/	/	划定区域
泄漏电流测试仪	/	/	/	/	√	/	/	/	/	/	/	/	/	/	/	/	划定区域
绝缘电阻表	√	√	√	√	√	√	√	√	√	√	√	/	√	√	/	/	划定区域
振荡波电缆局放测试仪	/	/	/	/	√	/	/	/	/	√	√	/	/	/	/	/	划定区域
直流电阻测试仪	/	/	/	/	√	/	/	/	/	/	/	/	/	/	/	/	划定区域
光纤识别仪	/	/	/	/	/	/	/	/	/	/	/	/	/	/	√	√	划定区域

常见手工具配置见表C-3。

表C-3 常见手工具配置建议表

专业班组 / 工器具类型	参考配置数量																存放方式
	变电巡维中心			变电检修	变电试验	变电继保、仪表、化学	输电线路	输电电缆	输电带电	配电运维、急修	配电带电	抄核收	计量及用电检查	计量拆装、检测	调度通信	调度自动化	
	110kV变电站	220kV变电站	500kV变电站														
低压验电笔	√	√	√	√	√	√	√	√	√	√	√	√	√	√	√	√	划定区域
电工刀	√	√	√	√	√	√	√	√	√	√	√	√	√	√	√	√	普通工具柜
电缆剪	/	/	/	/	/	/	√	√	√	√	√	/	/	/	/	/	绝缘工具柜
钢卷尺	√	√	√	√	√	√	√	√	√	√	√	√	√	√	√	√	安全工器具室
钢丝钳	√	√	√	√	√	√	√	√	√	√	√	√	√	√	√	√	工具柜（箱）
工具包	√	√	√	√	√	√	√	√	√	√	√	√	√	√	√	√	个人保存
活动扳手	√	√	√	√	√	√	√	√	√	√	√	√	√	√	√	√	工具柜（箱）
尖嘴钳	√	√	√	√	√	√	√	√	√	√	√	√	√	√	√	√	工具柜（箱）
紧线器	/	/	/	/	/	/	/	/	/	/	√	/	/	/	/	/	工具柜（箱）
绝缘测距尺	√	√	√	√	√	√	√	√	√	√	√	√	√	√	√	√	普通工具柜
卡线器	/	/	/	/	/	/	/	/	/	/	√	/	/	/	/	/	工具柜（箱）
绝缘螺丝刀	√	√	√	√	√	√	√	√	√	√	√	√	√	√	√	√	工具柜（箱）
开口扳手	√	√	√	√	√	√	√	√	√	√	√	√	√	√	√	√	工具柜（箱）
梅花扳手组套	√	√	√	√	√	√	√	√	√	√	√	√	√	√	√	√	工具柜（箱）
套筒扳手组套	√	√	√	√	√	√	√	√	√	√	√	√	√	√	√	√	工具柜（箱）

续表

专业班组 / 工器具类型	参考配置数量																存放方式
	变电巡维中心			变电检修	变电试验	变电继保、仪表、化学	输电线路	输电电缆	输电带电	配电运维、急修	配电带电	抄核收	计量及用电检查	计量拆装、检测	调度通信	调度自动化	
	110kV变电站	220kV变电站	500kV变电站														
铁铲	√	√	√	/	/	/	√	√	√	√	√	/	/	/	/	/	划定区域
铁钎	√	√	√	/	/	/	√	√	√	√	√	/	/	/	/	/	划定区域
望远镜	√	√	√	/	/	/	√	√	√	√	√	√	√	√	/	/	普通工具柜
橡胶锤	√	√	√	√	√	√	√	√	√	√	√	√	√	√	√	√	普通工具柜
斜口钳	√	√	√	√	√	√	√	√	√	√	√	√	√	√	√	√	普通工具柜
压线钳	/	/	/	√	√	√	√	/	/	√	√	√	√	√	/	/	普通工具柜
游标卡尺	√	√	√	√	√	√	√	√	√	√	√	√	√	√	√	√	普通工具柜

爬梯、平台及脚手架配置见表 C-4，特种设备配置见表 C-5，其他设备配置见表 C-6。

表 C-4　　爬梯、平台及脚手架配置建议表

专业班组 / 工器具类型	参考配置数量																存放方式
	变电巡维中心			变电检修	变电试验	变电继保、仪表、化学	输电线路	输电电缆	输电带电	配电运维、急修	配电带电	抄核收	计量及用电检查	计量拆装、检测	调度通信	调度自动化	
	110kV变电站	220kV变电站	500kV变电站														
脚手架	/	/	/	/	/	/	/	/	/	/	/	/	/	/	/	/	划定区域
铝合金梯	√	√	√	√	√	√	√	√	√	√	√	√	√	√	√	√	普通工具柜
竹梯	√	√	√	√	√	√	√	√	√	√	√	√	√	√	/	/	绝缘工具柜

表 C-5 特种设备配置建议表

专业班组 / 工器具类型	参考配置数量																存放方式
	变电巡维中心			变电检修	变电试验	变电继保、仪表、化学	输电线路	输电电缆	输电带电	配电运维、急修	配电带电	抄核收	计量及用电检查	计量拆装、检测	调度通信	调度自动化	
	110kV变电站	220kV变电站	500kV变电站														
叉车	/	/	/	/	/	/	/	/	/	/	/	/	/	/	/	/	划定区域专人保管
吊装带	/	/	/	/	/	/	/	/	/	/	/	/	/	/	/	/	划定区域专人保管
高空升降作业平台	/	/	/	/	/	/	/	/	/	/	/	/	/	/	/	/	划定区域专人保管
高空作业车	/	/	/	/	/	/	/	/	/	/	/	/	/	/	/	/	划定区域专人保管
绞磨	/	/	/	/	/	/	/	/	/	/	/	/	/	/	/	/	划定区域专人保管
汽车吊	/	/	/	/	/	/	/	/	/	/	/	/	/	/	/	/	划定区域专人保管
牵引机	/	/	/	/	/	/	/	/	/	/	/	/	/	/	/	/	划定区域专人保管
牵张两用机	/	/	/	/	/	/	/	/	/	/	/	/	/	/	/	/	划定区域专人保管
桥式起重机	/	/	/	/	/	/	/	/	/	/	/	/	/	/	/	/	划定区域专人保管
石油气瓶	/	/	/	/	/	/	/	/	/	/	/	/	/	/	/	/	划定区域专人保管
张力机	/	/	/	/	/	/	/	/	/	/	/	/	/	/	/	/	划定区域专人保管

表 C-6 其他设备配置建议表

专业班组 / 工器具类型	参考配置数量																存放方式
	变电巡维中心			变电检修	变电试验	变电继保、仪表、化学	输电线路	输电电缆	输电带电	配电运维、急修	配电带电	抄核收	计量及用电检查	计量拆装、检测	调度通信	调度自动化	
	110kV变电站	220kV变电站	500kV变电站														
电缆故障测试车	/	/	/	/	/	/	√	√	√	√	√	/	/	/	/	/	划定区域
电瓶车	/	/	/	/	/	/	/	/	/	/	/	/	/	/	/	/	划定区域

续表

专业班组 / 工器具类型	参考配置数量																存放方式
	变电巡维中心			变电检修	变电试验	变电继保、仪表、化学	输电线路	输电电缆	输电带电	配电运维、急修	配电带电	抄核收	计量及用电检查	计量拆装、检测	调度通信	调度自动化	
	110kV变电站	220kV变电站	500kV变电站														
发电车	/	/	/	/	/	/	/	/	/	√	√	/	/	/	/	/	划定区域
链锯	/	/	/	/	/	/	√	√	√	√	√	/	/	/	/	/	划定区域
融冰专用车	/	/	/	/	/	/	/	/	/	/	/	/	/	/	/	/	划定区域
无人机	√	√	√	/	/	/	√	√	√	√	√	/	/	/	/	/	划定区域
巡视机器人	√	√	√	/	/	/	√	√	√	√	√	/	/	/	/	/	划定区域

附录D　安全技术交底单格式示例

1. 厂站工作安全技术交底单格式

（厂站名称）厂站工作安全技术交底单

编号：

<table>
<tr><td colspan="4">工程项目名称：</td></tr>
<tr><td colspan="4">安全技术交底单位（运行单位）：</td></tr>
<tr><td colspan="4">接受安全技术交底单位（承包商或作业施工单位）：</td></tr>
<tr><td colspan="3">交底日期：　　年　　月　　日</td><td>交底地点：</td></tr>
<tr><td rowspan="5">施工应采取的安全措施</td><td rowspan="5">工作地点需要设备停电</td><td colspan="2">应拉断路器（开关）和隔离开关（刀闸）（注明编号）：</td></tr>
<tr><td colspan="2">应投切相关直流电源（空气开关、熔断器、连接片），低压及二次回路：</td></tr>
<tr><td colspan="2">应合接地刀闸（注明编号）、装接地线（注明确实地点）、应设绝缘挡板：</td></tr>
<tr><td colspan="2">应设遮栏、应挂标示牌（注明位置）：</td></tr>
<tr><td colspan="2">是否需办理二次设备及回路工作安全技术措施单：□是　□否</td></tr>
<tr><td>施工应采取的安全措施</td><td>工作地点不需要设备停电</td><td colspan="2">相关直流、低压及二次回路状态：
应投切相关直流电源（空气开关、熔断器、连接片）、低压及二次回路：
应设遮栏、应挂标示牌（注明位置）：
是否需办理二次设备及回路工作安全技术措施单：□是　□否</td></tr>
<tr><td rowspan="5">注意事项</td><td colspan="3">工作地点存在带电设备位置或运行设备：</td></tr>
<tr><td colspan="3">对施工人员的要求：</td></tr>
<tr><td colspan="3">对施工机具的要求：</td></tr>
<tr><td colspan="3">对现场施工环境保护的要求：</td></tr>
<tr><td colspan="3">施工过程中与运行人员联系的有关事项：</td></tr>
<tr><td colspan="3">运行单位代表签名：</td><td>承包商或作业施工单位代表签名：</td></tr>
</table>

2．电力线路工作安全技术交底单格式

（单位名称） 电力线路工作安全技术交底单

编号：

<table>
<tr><td colspan="3">工程项目名称：</td></tr>
<tr><td colspan="3">工作任务：</td></tr>
<tr><td colspan="3">工作地段：</td></tr>
<tr><td colspan="3">安全技术交底单位（运行单位）：</td></tr>
<tr><td colspan="3">接受安全技术交底单位（承包商或作业施工单位）：</td></tr>
<tr><td colspan="2">交底日期：　　年　　月　　日</td><td>交底地点：</td></tr>
<tr><td rowspan="6">施工应采取的安全措施</td><td colspan="2">应拉断路器（开关）和隔离开关（刀闸）（注明编号）：</td></tr>
<tr><td colspan="2">应合接地刀闸（注明编号）、装接地线（注明确实地点）：</td></tr>
<tr><td colspan="2">应设遮栏、应挂标示牌（注明位置）：</td></tr>
<tr><td colspan="2">保留的带电线路或带电设备（注明确实地点）：</td></tr>
<tr><td colspan="2">线路重合闸或再启动功能投退要求：</td></tr>
<tr><td colspan="2">施工单位在工作现场自行装设的接地线（注明确定地点）：</td></tr>
<tr><td rowspan="5">注意事项</td><td colspan="2">对施工人员的要求：</td></tr>
<tr><td colspan="2">对施工机具的要求：</td></tr>
<tr><td colspan="2">对现场施工环境保护的要求：</td></tr>
<tr><td colspan="2">其他应采取的安全措施及注意事项：</td></tr>
<tr><td colspan="2">施工过程中与运行人员联系的有关事项：</td></tr>
<tr><td colspan="2">运行单位代表签名：</td><td>承包商或作业施工单位代表签名：</td></tr>
</table>

附录E　现场勘察记录格式示例

现 场 勘 察 记 录

记录入		勘察日期	年　月　日
勘察单位			
勘察负责人及人员			
工作任务			
重点安全注意事项			

附录 F 工作票格式示例

1．厂站第一种工作票格式

________厂站第一种工作票

盖 章 处

编号：

<table>
<tr><td colspan="2">工作负责人（监护人）：________
单位和班组：________
工作负责人及工作班人员总人数共____人</td><td>计划工作时间</td><td>自 年 月 日 时 分
至 年 月 日 时 分</td></tr>
<tr><td colspan="4">工作班人员（不包括工作负责人）：</td></tr>
<tr><td colspan="4">工作任务：</td></tr>
<tr><td colspan="4">工作地点：</td></tr>
<tr><td rowspan="4">工作要求的安全措施</td><td colspan="3">应拉开的断路器（开关）和隔离开关（刀闸）（双重名称或编号）</td></tr>
<tr><td>断路器（开关）：</td><td colspan="2">隔离开关（刀闸）：</td></tr>
<tr><td colspan="3">应投切的相关直流电源（空气开关、熔断器、连接片）、低压及二次回路：</td></tr>
<tr><td colspan="3">应合上的接地开关 （双重名称或编号）、装设的接地线（装设地点）、应设绝缘挡板：</td></tr>
<tr><td rowspan="4">工作要求的安全措施</td><td colspan="3">应设遮栏、应挂标示牌（位置）：</td></tr>
<tr><td colspan="3">是否需线路对侧接地：□是 □否</td></tr>
<tr><td colspan="3">是否需办理二次设备及回路工作安全技术措施单：□是，共 张；□否</td></tr>
<tr><td colspan="3">其他安全措施和注意事项：</td></tr>
<tr><td>签发</td><td colspan="3">工作票签发人签名： 时间： 年 月 日 时 分
工作票会签人签名： 时间： 年 月 日 时 分</td></tr>
<tr><td>接收</td><td colspan="3">值班负责人签名： 时间： 年 月 日 时 分</td></tr>
</table>

续表

<table>
<tr><td colspan="2" rowspan="4">工作许可</td><td colspan="6">安全措施是否满足工作要求：□是 □否
需补充或调整的安全措施：
是否需以手触试：□是 □否以手触试的具体部位：</td></tr>
<tr><td colspan="6">线路对侧安全措施：经值班调度员（配电网运维人员）（姓名）确认线路对侧已按要求执行</td></tr>
<tr><td>工作地点保留的带电部位</td><td colspan="5">带电的母线、导线：
带电的隔离开关（刀闸）：其他：</td></tr>
<tr><td colspan="6">其他安全注意事项：
工作许可人签名： 工作负责人签名： 时间： 年 月 日 时 分</td></tr>
<tr><td colspan="8">指定 为专责监护人。专责监护人签名：</td></tr>
<tr><td colspan="2">安全交代</td><td colspan="6">工作班人员确认工作负责人所交代布置的工作任务、安全措施和作业安全注意事项。
工作班人员签名：
时间： 年 月 日 时 分</td></tr>
<tr><td colspan="2" rowspan="4">工作间断</td><td>工作间断时间</td><td>工作许可人</td><td>工作负责人</td><td>工作开工时间</td><td>工作许可人</td><td>工作负责人</td></tr>
<tr><td>月 日 时 分</td><td></td><td></td><td>月 日 时 分</td><td></td><td></td></tr>
<tr><td>月 日 时 分</td><td></td><td></td><td>月 日 时 分</td><td></td><td></td></tr>
<tr><td>月 日 时 分</td><td></td><td></td><td>月 日 时 分</td><td></td><td></td></tr>
<tr><td rowspan="2">工作变更</td><td>工作任务</td><td colspan="6">不需变更安全措施下增加的工作内容：
工作负责人签名： 工作许可人签名：
时间： 年 月 日 时 分</td></tr>
<tr><td>工作负责人</td><td colspan="6">工作票签发人签名： 原工作负责人签名：
现工作负责人签名： 工作许可人签名：
时间： 年 月 日 时 分</td></tr>
<tr><td rowspan="4">工作变更</td><td rowspan="4">工作班人员</td><td>变更情况</td><td>工作许可人</td><td colspan="2">工作负责人</td><td colspan="2">变更时间</td></tr>
<tr><td></td><td></td><td colspan="2"></td><td colspan="2">月 日 时 分</td></tr>
<tr><td></td><td></td><td colspan="2"></td><td colspan="2">月 日 时 分</td></tr>
<tr><td></td><td></td><td colspan="2"></td><td colspan="2">月 日 时 分</td></tr>
<tr><td colspan="2">工作延期</td><td colspan="6">有效期延长到 月 日 时 分。
工作许可人签名： 工作负责人签名：
时间： 年 月 日 时 分</td></tr>
<tr><td>工作票的终结</td><td>作业终结</td><td colspan="6">全部作业于 月 日 时 分结束，检修临时安全措施已拆除，已恢复作业开始前状态，作业人员已全部撤离，材料工具已清理完毕。
工作负责人签名： 工作许可人签名：
时间： 年 月 日 时 分</td></tr>
<tr><td rowspan="2">工作票的终结</td><td>许可人措施终结</td><td colspan="6">临时遮栏已拆除，标示牌已取下，常设遮栏已恢复。
工作许可人签名： 时间： 年 月 日 时 分</td></tr>
<tr><td>汇报调度</td><td colspan="6">未拉开接地开关双重名称或编号：
共 把。
未拆除接地线装设地点及编号：
共 组。
值班负责人签名： 值班调度员（姓名）：
时间： 年 月 日 时 分</td></tr>
<tr><td colspan="8">备注（工作转移、安全交代补充签名等）：</td></tr>
</table>

2．厂站第二种工作票格式

____________厂站第二种工作票

盖　章　处

编号：

<table>
<tr><td colspan="2">工作负责人（监护人）：____________
单位和班组：____________
工作负责人及工作班人员总人数共____人</td><td>计划工作时间</td><td>自　年　月　日　时　分
至　年　月　日　时　分</td></tr>
<tr><td colspan="4">工作班人员（不包括工作负责人）：</td></tr>
<tr><td colspan="4">工作任务：</td></tr>
<tr><td colspan="4">工作地点：</td></tr>
<tr><td rowspan="6">工作要求的安全措施</td><td rowspan="2">工作条件</td><td colspan="2">相关高压设备状态：</td></tr>
<tr><td colspan="2">相关直流、低压及二次回路状态：</td></tr>
<tr><td colspan="3">应投切的相关直流电源（空气开关、熔断器、连接片）、低压及二次回路：</td></tr>
<tr><td colspan="3">应设遮栏、应挂标示牌（位置）：</td></tr>
<tr><td colspan="3">是否需办理二次设备及回路工作安全技术措施单：□是，共　张；　□否</td></tr>
<tr><td colspan="3">其他安全措施和注意事项：</td></tr>
<tr><td>签发</td><td colspan="3">工作票签发人签名：　　时间：　年　月　日　时　分
工作票会签人签名：　　时间：　年　月　日　时　分</td></tr>
<tr><td>接收</td><td colspan="3">值班负责人签名：　　时间：　年　月　日　时　分</td></tr>
<tr><td rowspan="2">工作许可</td><td colspan="3">安全措施是否满足工作要求：□是　□否
需补充或调整的安全措施：</td></tr>
<tr><td>工作地点保留的带电部位</td><td colspan="2">带电的母线、导线：
带电的隔离开关（刀闸）：
其他：</td></tr>
</table>

续表

<table>
<tr><td colspan="2">工作许可</td><td colspan="6">其他安全注意事项：

工作许可人签名：　　　　工作负责人签名：
时间：　年　月　日　时　分</td></tr>
<tr><td colspan="2">安全交代</td><td colspan="6">工作班人员确认工作负责人所交代布置的工作任务、安全措施和作业安全注意事项。
工作班人员签名：
时间：　年　月　日　时　分</td></tr>
<tr><td colspan="2" rowspan="4">工作间断</td><td>工作间断时间</td><td>工作许可人</td><td>工作负责人</td><td>工作开工时间</td><td>工作许可人</td><td>工作负责人</td></tr>
<tr><td>月　日　时　分</td><td></td><td></td><td>月　日　时　分</td><td></td><td></td></tr>
<tr><td>月　日　时　分</td><td></td><td></td><td>月　日　时　分</td><td></td><td></td></tr>
<tr><td>月　日　时　分</td><td></td><td></td><td>月　日　时　分</td><td></td><td></td></tr>
<tr><td rowspan="2">工作变更</td><td>工作任务</td><td colspan="6">不需变更安全措施下增加的工作内容：

工作负责人签名：　　　　工作许可人签名：
时间：　年　月　日　时　分</td></tr>
<tr><td>工作负责人</td><td colspan="6">工作票签发人签名：　　　　原工作负责人签名：
现工作负责人签名：　　　　工作许可人签名：
时间：　年　月　日　时　分</td></tr>
<tr><td rowspan="4">工作变更</td><td rowspan="4">工作班人员</td><td>变更情况</td><td>工作票签发人</td><td>工作许可人</td><td>工作负责人</td><td colspan="2">变更时间</td></tr>
<tr><td></td><td></td><td></td><td></td><td colspan="2">月　日　时　分</td></tr>
<tr><td></td><td></td><td></td><td></td><td colspan="2">月　日　时　分</td></tr>
<tr><td></td><td></td><td></td><td></td><td colspan="2">月　日　时　分</td></tr>
<tr><td colspan="2">工作延期</td><td colspan="6">有效期延长到　月　日　时　分。
工作许可人签名：　　　　工作负责人签名：
时间：　年　月　日　时　分</td></tr>
<tr><td colspan="2">工作票的终结</td><td colspan="6">全部作业于　月　日　时　分结束，检修临时安全措施已拆除，已恢复作业开始前状态，作业人员已全部撤离，材料工具已清理完毕。
工作负责人签名：　　　　工作许可人签名：
时间：　年　月　日　时　分</td></tr>
<tr><td colspan="8">备注（工作转移、安全交代补充签名等）：</td></tr>
</table>

3．厂站第三种工作票格式

________厂站第三种工作票

盖 章 处

编号：

<table>
<tr><td colspan="4">工作负责人（监护人）：________
单位和班组：________
工作负责人及工作班人员总人数共____人</td><td>计划工作时间</td><td colspan="3">自 年 月 日 时 分
至 年 月 日 时 分</td></tr>
<tr><td colspan="8">工作班人员（不包括工作负责人）：</td></tr>
<tr><td colspan="8">工作任务：</td></tr>
<tr><td colspan="8">工作地点：</td></tr>
<tr><td colspan="8">工作要求的安全措施：</td></tr>
<tr><td>接收</td><td colspan="7">值班负责人签名： 时间： 年 月 日 时 分</td></tr>
<tr><td rowspan="3">许可工作</td><td colspan="7">安全措施是否满足工作要求：□是 □否需补充或调整的安全措施：</td></tr>
<tr><td>工作地点保留的带电部位</td><td colspan="6">带电的母线、导线：
带电的隔离开关（刀闸）：其他：</td></tr>
<tr><td colspan="7">其他安全注意事项：
工作许可人签名： 工作负责人签名：
时间： 年 月 日 时 分</td></tr>
<tr><td>安全交代</td><td colspan="7">工作班人员确认工作负责人所交代布置的工作任务、安全措施和作业安全注意事项。
工作班人员签名：
时间： 年 月 日 时 分</td></tr>
<tr><td rowspan="4">工作间断</td><td colspan="2">工作间断时间</td><td>工作许可人</td><td>工作负责人</td><td>工作开工时间</td><td>工作许可人</td><td>工作负责人</td></tr>
<tr><td colspan="2">月 日 时 分</td><td></td><td></td><td>月 日 时 分</td><td></td><td></td></tr>
<tr><td colspan="2">月 日 时 分</td><td></td><td></td><td>月 日 时 分</td><td></td><td></td></tr>
<tr><td colspan="2">月 日 时 分</td><td></td><td></td><td>月 日 时 分</td><td></td><td></td></tr>
<tr><td rowspan="5">工作变更</td><td>工作负责人</td><td colspan="6">工作票签发人签名： 原工作负责人签名： 现工作负责人签名：
工作许可人签名： 时间： 年 月 日 时 分</td></tr>
<tr><td rowspan="4">工作班人员</td><td colspan="2">变更情况</td><td>工作许可人</td><td>工作负责人</td><td colspan="2">变更时间</td></tr>
<tr><td colspan="2"></td><td></td><td></td><td colspan="2">月 日 时 分</td></tr>
<tr><td colspan="2"></td><td></td><td></td><td colspan="2">月 日 时 分</td></tr>
<tr><td colspan="2"></td><td></td><td></td><td colspan="2">月 日 时 分</td></tr>
<tr><td colspan="2">工作延期</td><td colspan="6">有效期延长到 月 日 时 分。
工作许可人签名： 工作负责人签名：
时间： 年 月 日 时 分</td></tr>
<tr><td colspan="2">工作票的终结</td><td colspan="6">全部作业于 月 日 时 分结束，临时安全措施已拆除，已恢复作业开始前状态，作业人员已全部撤离，材料工具已清理完毕。
工作负责人签名： 工作许可人签名：
时间： 年 月 日 时 分</td></tr>
<tr><td colspan="8">备注（工作转移、安全交代补充签名等）：</td></tr>
</table>

4．线路第一种工作票格式

＿（单位名称）＿线路第一种工作票

盖 章 处

编号：

<table>
<tr><td colspan="2">工作负责人（监护人）：＿＿＿＿＿＿
单位和班组：＿＿＿＿＿＿
工作负责人及工作班人员总人数共＿＿＿人</td><td colspan="3">计划工作时间</td><td colspan="3">自　年　月　日　时　分
至　年　月　日　时　分</td></tr>
<tr><td colspan="8">是否办理分组工作派工单：口是，共　张；口否</td></tr>
<tr><td colspan="8">工作班人员（不包括工作负责人）：</td></tr>
<tr><td colspan="8">工作任务：</td></tr>
<tr><td colspan="8">停电线路名称：</td></tr>
<tr><td colspan="8">工作地段：</td></tr>
<tr><td rowspan="4">工作要求的安全措施（必要时可附页绘图说明）</td><td colspan="7">应拉断路器（开关）和隔离开关（刀闸）（厂站名及双重名称或编号）：</td></tr>
<tr><td colspan="7">应合的接地刀闸（注明双重名称或编号）或应装的接地线（装设地点）：</td></tr>
<tr><td colspan="7">应设遮栏、应挂标示牌（注明位置）：</td></tr>
<tr><td colspan="7">其他安全措施和注意事项：</td></tr>
<tr><td rowspan="2">应装设的接地线</td><td>线路名称及杆号</td><td></td><td></td><td></td><td></td><td></td><td></td></tr>
<tr><td>接地线编号</td><td></td><td></td><td></td><td></td><td></td><td></td></tr>
<tr><td>签发</td><td colspan="7">工作票签发人签名：　　时间：　年　月　日　时　分
工作票会签人签名：　　时间：　年　月　日　时　分</td></tr>
<tr><td>接收</td><td colspan="7">值班负责人签名：　　时间：　年　月　日　时　分</td></tr>
<tr><td>工作许可</td><td colspan="7">□工作许可人负责的本工作票“工作要求的安全措施”栏所述措施已经落实。
保留或邻近的带电线路、设备：

其他安全注意事项：

工作许可人签名：　　工作负责人签名：

许可方式：　　时间：　年　月　日　时　分</td></tr>
<tr><td>指定</td><td colspan="7">为专责监护人。　专责监护人签名：</td></tr>
<tr><td>安全交代</td><td colspan="7">工作班人员确认工作负责人所交代布置的工作任务、安全措施和作业安全注意事项。
工作班人员（分组负责人）签名：

时间：　年　月　日　时　分</td></tr>
</table>

续表

<table>
<tr><td colspan="2" rowspan="5">工作间断</td><td>工作间断时间</td><td>工作许可人</td><td>工作负责人</td><td>方式</td><td>工作开始时间</td><td>工作许可人</td><td>工作负责人</td><td>方式</td></tr>
<tr><td>月 日 时 分</td><td></td><td></td><td></td><td>月 日 时 分</td><td></td><td></td><td></td></tr>
<tr><td>月 日 时 分</td><td></td><td></td><td></td><td>月 日 时 分</td><td></td><td></td><td></td></tr>
<tr><td>月 日 时 分</td><td></td><td></td><td></td><td>月 日 时 分</td><td></td><td></td><td></td></tr>
<tr><td>月 日 时 分</td><td></td><td></td><td></td><td>月 日 时 分</td><td></td><td></td><td></td></tr>
<tr><td rowspan="6">工作变更</td><td>工作任务</td><td colspan="8">不需变更安全施施下增加的工作内容：
工作负责人签名： 工作票签发人签名： 工作许可人签名：
时间： 年 月 日 时 分</td></tr>
<tr><td>工作负责人</td><td colspan="8">工作票签发人签名： 原工作负责人签名：
现工作负责人签名：
工作许可人签名： 时间： 年 月 日 时 分</td></tr>
<tr><td rowspan="4">工作班人员</td><td colspan="2">变更情况</td><td colspan="2">工作许可人/工作票签发人</td><td colspan="2">工作负责人</td><td colspan="2">变更时间</td></tr>
<tr><td colspan="2"></td><td colspan="2"></td><td colspan="2"></td><td colspan="2">月 日 时 分</td></tr>
<tr><td colspan="2"></td><td colspan="2"></td><td colspan="2"></td><td colspan="2">月 日 时 分</td></tr>
<tr><td colspan="2"></td><td colspan="2"></td><td colspan="2"></td><td colspan="2">月 日 时 分</td></tr>
<tr><td colspan="2">工作延期</td><td colspan="8">有效期延长到 月 日 时 分。
工作许可人签名： 工作负责人签名：
申请方式：
时间： 年 月 日 时 分</td></tr>
<tr><td rowspan="3">工作票的终结</td><td>作业终结</td><td colspan="8">全部作业于 月 日 时 分结束，线路（或配电设备）上所装设的接地线共（ ）组和使用的个人保安线已全部拆除，工作人员已全部撤离，材料工具已清理完毕，已恢复作业开始前状态。
工作负责人签名： 工作许可人签名：
终结方式： 时间： 年 月 日 时 分</td></tr>
<tr><td>许可人措施终结</td><td colspan="8">临时遮栏已拆除，标示牌已取下，常设遮栏已恢复等。
工作许可人签名： 时间： 年 月 日 时 分</td></tr>
<tr><td>汇报调度</td><td colspan="8">未拉开接地刀闸双重名称或编号：
共 把
未拆除接地线装设地点及编号：
共 组
值班负责人签名： 值班调度员：
时间： 年 月 日 时 分</td></tr>
<tr><td colspan="10">备注（工作转移、安全交代补充签名等）：</td></tr>
</table>

5．线路第二种工作票格式

（单位名称）线路第二种工作票

盖　章　处

编号：

<table>
<tr><td colspan="2">工作负责人（监护人）：____________
单位和班组：____________
工作负责人及工作班人员总人数共______人</td><td>计划工作时间</td><td>自　年　月　日　时　分
至　年　月　日　时　分</td></tr>
<tr><td colspan="4">是否办理分组工作派工单：□是，共　张；□否</td></tr>
<tr><td colspan="4">工作班人员（不包括工作负责人）：</td></tr>
<tr><td colspan="4">工作任务：</td></tr>
<tr><td colspan="4">工作线路或设备名称：</td></tr>
<tr><td colspan="4">工作地段：</td></tr>
<tr><td rowspan="2">工作要求的安全措施</td><td colspan="3">应采取的安全措施（停用线路重合闸装置、退出再启动功能等）：</td></tr>
<tr><td colspan="3">其他安全措施和注意事项：</td></tr>
<tr><td>签发</td><td colspan="3">工作票签发人签名：　　时间：　年　月　日　时　分
工作票会签人签名：　　时间：　年　月　日　时　分</td></tr>
<tr><td>接收</td><td colspan="3">值班负责人签名：　　时间：　年　月　日　时　分</td></tr>
<tr><td>开始（许可）工作</td><td colspan="3">□工作许可人负责的本工作票“工作要求的安全措施”栏所述措施已经落实。
补充安全注意事项：
下达通知的值班调度员（运维人员）签名：
工作负责人签名：
通过（许可）的方式　　时间：　年　月　日　时　分</td></tr>
<tr><td>安全交代</td><td colspan="3">工作班人员确认工作负责人所交代布置的工作任务、安全措施和作业安全注意事项。
工作班人员（分组负责人）签名：
时间：　年　月　日　时　分</td></tr>
<tr><td>工作票的终结</td><td colspan="3">全部作业于　月　日　时　分结束，检修临时安全措施已拆除，已恢复作业开始前状态，作业人员已全部撤离，材料工具已清洁完毕。
□相关线路重合闸装置、再启动功能可以恢复。
接受汇报或通知的值班调度员（运维人员）签名：
工作负责人签名：
终结方式：　　时间：　年　月　日　时　分</td></tr>
<tr><td colspan="4">备注（工作间断、变更、延期补充措施，安全交代补充签名等）：</td></tr>
</table>

6．低压配电网工作票

低压配电网工作票

盖　章　处

编号：____

<table>
<tr><td colspan="8">工作负责人（监护人）：____________________
单位和班组：____________________
工作负责人及工作班人员总人数共______人</td><td>计划工作时间</td><td>自　　年　　月　　日　　时　　分
至　　年　　月　　日　　时　　分</td></tr>
<tr><td colspan="10">工作班人员（不包括工作负责人）：</td></tr>
<tr><td colspan="10">工作任务：</td></tr>
<tr><td colspan="10">停电线路名称：</td></tr>
<tr><td colspan="10">工作地段（可附页绘图）：</td></tr>
<tr><td rowspan="2">工作要求的安全措施（可附页绘图）</td><td colspan="9">工作条件和应采取的安全措施（停电、接地、隔离和装设的安全遮栏、围栏、标示牌等）：</td></tr>
<tr><td colspan="9">保留的带电部位：</td></tr>
<tr><td rowspan="2">应装设的接地线</td><td>线路名称或位置</td><td></td><td></td><td></td><td></td><td></td><td colspan="3"></td></tr>
<tr><td>接地线编号</td><td></td><td></td><td></td><td></td><td></td><td colspan="3"></td></tr>
<tr><td>签发</td><td colspan="9">工作票签发人签名：　　　　时间：　　年　　月　　日　　时　　分
工作票会签人签名：　　　　时间：　　年　　月　　日　　时　　分</td></tr>
<tr><td>接收</td><td colspan="9">值班负责人签名：　　　　时间：　　年　　月　　日　　时　　分</td></tr>
<tr><td>工作许可</td><td colspan="9">□工作许可人负责的本工作票“工作要求的安全措施”栏所述措施已经落实。保留或邻近的带电线路、设备：
其他安全注意事项：
工作许可人签名：　　　　工作负责人签名：
许可方式：　　　　时间：　　年　　月　　日　　时　　分</td></tr>
<tr><td>安全交代</td><td colspan="9">工作班人员确认工作负责人所交代布置的工作任务、安全措施和作业安全注意事项。
工作班人员签名：
时间：　　年　　月　　日　　时　　分</td></tr>
<tr><td>增加工作任务</td><td colspan="9">不需变更安全措施下增加的工作内容：
工作负责人签名：　　　　工作许可人签名：
时间：　　年　　月　　日　　时　　分</td></tr>
<tr><td>工作延期</td><td colspan="9">有效期延长到　　月　　日　　时　　分。
工作负责人签名：　　　　工作许可人签名：
时间：　　年　　月　　日　　时　　分</td></tr>
<tr><td>工作票的终结</td><td colspan="9">全部作业于　　月　　日　　时　　分结束，线路（或配电设备）上所装设的接地线共（　　）组已全部拆除，工作人员已全部撤离，材料工具已清理完毕，已恢复工作开始前状态。
工作负责人签名：　　　　工作许可人签名：
终结方式：　　　　时间：　　年　　月　　日　　时　　分</td></tr>
<tr><td colspan="10">备注（工作班人员变更、补充措施、安全交代补充签名等）：</td></tr>
</table>

7. 带电作业工作票格式

________带电作业工作票

盖 章 处

编号：

<table>
<tr><td colspan="2">工作负责人（监护人）：________
单位和班组：________
工作负责人及工作班人员总人数共____人</td><td>计划工作时间</td><td>自 年 月 日 时 分
至 年 月 日 时 分</td></tr>
<tr><td colspan="4">是否办理分组工作派工单：□是，共 张；□否</td></tr>
<tr><td colspan="4">工作班人员（不包括工作负责人）：</td></tr>
<tr><td colspan="4">工作任务：</td></tr>
<tr><td colspan="4">工作线路或厂站及设备名称：</td></tr>
<tr><td colspan="4">工作地段：</td></tr>
<tr><td rowspan="2">工作要求的安全措施</td><td colspan="3">应采取的安全措施（应投退的继电保护、线路重合闸装置、再启动功能等）：</td></tr>
<tr><td colspan="3">其他安全措施及注意事项：</td></tr>
<tr><td>工作方式</td><td colspan="3">□等电位作业 □中间电位作业 □地电位作业
□邻近带电设备作业</td></tr>
<tr><td>签发</td><td colspan="3">工作票签发人签名： 时间： 年 月 日 时 分
工作票会签人签名： 时间： 年 月 日 时 分</td></tr>
<tr><td>接收</td><td colspan="3">收到工作票时间： 年 月 日 时 分 值班负责人签名：</td></tr>
<tr><td>工作许可</td><td colspan="3">□工作许可人负责的本工作票“工作要求的安全措施”栏所述措施已经落实。保留或邻近的带电线路、设备：
其他补充安全注意事项：
工作许可人签名： 工作负责人签名：
时间： 年 月 日 时 分</td></tr>
<tr><td colspan="4">指定______为专责监护人。 专责监护人签名________</td></tr>
<tr><td>安全交代</td><td colspan="3">工作班人员确认工作负责人所交代布置的工作任务、安全措施和作业安全注意事项。
工作班人员签名：
时间： 年 月 日 时 分</td></tr>
<tr><td>工作延期</td><td colspan="3">有效期延长到 月 日 时 分。
工作负责人签名： 工作许可人签名：
时间： 年 月 日 时 分</td></tr>
<tr><td>工作票的终结</td><td colspan="3">全部作业于 月 日 时 分结束，临时安全措施已拆除，已恢复作业开始前状态，作业人员已全部撤离，材料工具已清理完毕。
□相关线路重合闸装置、再启动功能可以恢复。
工作负责人签名： 工作许可人签名：
时间： 年 月 日 时 分</td></tr>
<tr><td colspan="4">备注（工作间断、变更、补充措施等）：</td></tr>
</table>

8．紧急抢修工作票格式

________紧急抢修工作票

盖　章　处

编号：

启动抢修	抢修工作负责人（监护人）：　　　　单位和班组： 负责人及工作班人员总人数共　人
	抢修任务（抢修地点和抢修内容）：
	安全措施及注意事项：
布置抢修	本项工作及主要安全事项根据抢修任务布置人________安排填写
抢修许可	经核实确认或需补充调整的安全措施： 工作许可人签名：　　　　工作负责人签名： 时间：　年　月　日　时　分
抢修结束或转移工作票	抢修结束或转移工作票时间：　　　　现场设备状况及保留安全措施： 工作负责人签名：　　　　工作许可人签名： 时间：　年　月　日　时　分
备注： 灾后抢修专责监护人：	

附录G　工作票附属单格式示例

1．厂站二次设备及回路工作安全技术措施单格式

______（单位名称）厂站二次设备及回路工作安全技术措施单

措施单编号：

工作票编号						
序号	执行	时间	安全技术措施内容	恢复	时间	

工作负责人（审批人）		执行人		监护人	
		恢复人		监护人	

备注：

2．分组工作派工单格式

＿（单位名称）＿ 分组工作派工单

<table>
<tr><td>对应工作票编号</td><td colspan="3"></td></tr>
<tr><td>分组工作负责人</td><td></td><td>分组编号</td><td></td></tr>
<tr><td colspan="4">分组人员（不包括分组工作负责人）：
共　　人（包括分组负责入）</td></tr>
<tr><td colspan="4">分组工作内容和工作地点：</td></tr>
<tr><td colspan="4">除工作票已列安全措施外．分组还应采取的安全措施及注意事项：</td></tr>
<tr><td>下达分组任务</td><td colspan="3">工作票的工作负责人签名：　　　　分组负责人签名：
时间：　　年　　月　　日　　时　　分</td></tr>
<tr><td>安全交代</td><td colspan="3">工作班人员确认分组工作负责人所交代布置的工作任务、安全措施和作业安全注意事项。
工作班人员签名：
时间：　　年　　月　　日　　时　　分</td></tr>
<tr><td colspan="4">分组工作于　　月　　日　　时　　分结束，现场临时安全措施已拆除，材料、工具已清理完毕，分组工作人员已全部撤离。
分组工作负责人签名：　　　　工作负责人签名：
时间：　　年　　月　　日　　时　　分</td></tr>
<tr><td colspan="4">备注（工作班人员变更、补充措施、安全交代补充签名等）：</td></tr>
</table>

附录 H　操作票格式示例

1．调度逐项操作命令票格式

（调度机构名称）调度逐项操作命令票

盖　章　处

令号　　　　　　　　　　　　　　　　　　　　　　　　　　　　　编号：

填票日期		年　月　日	操作开始日期	年　月　日	操作结束日期	年　月　日
操作任务						
顺序	受令单位	操作项目	操作人	发令时间	受令人	完成时间
备注						
操作人		审核人（监护人）		值班负责人		

2．调度综合操作命令票格式

（调度机构名称）调度综合操作命令票

盖　章　处

令号　　　　　　　　　　　　　　　　　　　　　　　　　　　　　　编号：

<table>
<tr><td>填票日期</td><td>年　月　日</td><td>受令单位</td><td colspan="3"></td></tr>
<tr><td rowspan="6">操作任务</td><td rowspan="6"></td><td rowspan="3">发令</td><td>操作人</td><td colspan="2"></td></tr>
<tr><td>受令人</td><td colspan="2"></td></tr>
<tr><td>发令时间</td><td colspan="2">月　日　时　分</td></tr>
<tr><td rowspan="3">完成</td><td>操作人</td><td colspan="2"></td></tr>
<tr><td>受令人</td><td colspan="2"></td></tr>
<tr><td>完成间</td><td colspan="2">月　日　时　分</td></tr>
<tr><td>备注</td><td colspan="5"></td></tr>
<tr><td>操作人</td><td></td><td>审核人
（监护人）</td><td></td><td>值班负责人</td><td></td></tr>
</table>

3．现场电气操作票格式

________配网现场电气操作票

盖 章 处

票号：

<table>
<tr><td>类型</td><td colspan="5">□根据调度令进行的操作　□根据本单位任务进行的操作</td></tr>
<tr><td>发令单位</td><td colspan="2"></td><td>发令人</td><td colspan="2"></td></tr>
<tr><td>受令人</td><td colspan="2"></td><td>受令时间</td><td colspan="2">年　月　日　时　分</td></tr>
<tr><td>操作开始时间</td><td colspan="2">年　月　日　时　分</td><td>操作结束时间</td><td colspan="2">年　月　日　时　分</td></tr>
<tr><td>操作任务</td><td colspan="5"></td></tr>
<tr><td>顺序</td><td colspan="4">操作项目</td><td>操作√</td></tr>
<tr><td></td><td colspan="4"></td><td></td></tr>
<tr><td></td><td colspan="4"></td><td></td></tr>
<tr><td></td><td colspan="4"></td><td></td></tr>
<tr><td></td><td colspan="4"></td><td></td></tr>
<tr><td></td><td colspan="4"></td><td></td></tr>
<tr><td></td><td colspan="4"></td><td></td></tr>
<tr><td></td><td colspan="4"></td><td></td></tr>
<tr><td></td><td colspan="4"></td><td></td></tr>
<tr><td></td><td colspan="4"></td><td></td></tr>
<tr><td></td><td colspan="4"></td><td></td></tr>
<tr><td></td><td colspan="4"></td><td></td></tr>
<tr><td></td><td colspan="4"></td><td></td></tr>
<tr><td></td><td colspan="4"></td><td></td></tr>
<tr><td></td><td colspan="4"></td><td></td></tr>
<tr><td></td><td colspan="4"></td><td></td></tr>
<tr><td></td><td colspan="4"></td><td></td></tr>
<tr><td></td><td colspan="4"></td><td></td></tr>
<tr><td></td><td colspan="4"></td><td></td></tr>
<tr><td></td><td colspan="4"></td><td></td></tr>
<tr><td></td><td colspan="4"></td><td></td></tr>
<tr><td>备注</td><td colspan="5"></td></tr>
<tr><td>操作人</td><td></td><td>监护人</td><td></td><td>值班负责人</td><td></td></tr>
</table>

附录I　动火工作票格式示例

1．一级动火工作票格式

（单位名称）　一级动火工作票

盖　章　处

编号：

<table>
<tr><td>动火工作负责人</td><td></td><td colspan="2">对应工作票编号</td><td></td></tr>
<tr><td>动火部门</td><td></td><td colspan="2">班组</td><td></td></tr>
<tr><td>动火地点
及设备名称</td><td colspan="4"></td></tr>
<tr><td colspan="5">动火工作任务（示意图）</td></tr>
<tr><td>计划动火工作时间</td><td colspan="4">自　年　月　日　时　分
至　年　月　日　时　分</td></tr>
<tr><td colspan="5">动火区域所在单位应采取的安全措施：</td></tr>
<tr><td colspan="5">动火作业单位应采取的安全措施：</td></tr>
<tr><td>动火工作票签发人</td><td rowspan="2">审批人
签章</td><td>消防部门
负责人</td><td>安全监管部门
负责人</td><td>厂（局）负责人</td></tr>
<tr><td>签发人：　会签人：</td><td></td><td></td><td></td></tr>
<tr><td>动火工作票接收时间</td><td colspan="4">年　月　日　时　分</td></tr>
<tr><td colspan="5">动火区域所在单位应采取的安全措施已做完，动火作业单位应采取的安全措施已做完。
工作许可人签名：　　动火工作负责人签名：　　时间：　年　月　日　时　分</td></tr>
</table>

2．二级动火工作票格式

________二级动火工作票

盖　章　处

编号：

<table>
<tr><td>动火工作负责人</td><td></td><td>对应工作票编号：</td><td></td></tr>
<tr><td>动火部门</td><td></td><td>班组</td><td></td></tr>
<tr><td colspan="2">动火地点及设备名称</td><td colspan="2"></td></tr>
<tr><td>动火工作任务（示意图）</td><td colspan="3"></td></tr>
<tr><td>计划动火工作时间</td><td colspan="3">自　　年　　月　　日　　时　　分
至　　年　　月　　日　　时　　分</td></tr>
<tr><td colspan="4">动火区域所在单位应采取的安全措施：</td></tr>
<tr><td colspan="4">动火作业单位应采取的安全措施：</td></tr>
<tr><td>动火工作票签发人</td><td rowspan="2">审批人
签章</td><td colspan="2">运维单位安全监察部门负责人</td></tr>
<tr><td>签发人：刘二　　会签人：赵一</td><td colspan="2">王华</td></tr>
<tr><td>动火工作票接收时间：</td><td colspan="3">年　　月　　日　　时　　分</td></tr>
<tr><td colspan="4">动火区域所在单位应采取的安全措施已做完，动火作业单位应采取的安全措施已做完。
工作许可人签名：　　　　动火工作负责人签名：
时间：　　年　　月　　日　　时　　分</td></tr>
<tr><td colspan="4">应确认消防设施和消防措施已符合要求。可燃性、易爆气体含量或粉尘浓度测定合格。
动火工作监护人签名：</td></tr>
<tr><td colspan="4">允许动火时间自　　年　　月　　日　　时　　分开始。
动火工作负责人签名：　　　　动火工作监护人签名：　　　　动火执行人签名：</td></tr>
<tr><td colspan="4">动火工作于　　年　　月　　日　　时　　分结束。材料、工具已清理完毕，现场确无残留火种，参与现场动火工作的有关人员已全部撤离，动火工作已结束。
动火执行人签名：　　　　动火工作监护人签名：　　　　动火工作负责人签名：
工作许可人签名：</td></tr>
<tr><td colspan="4">备注：</td></tr>
</table>

参 考 文 献

[1] 大唐国际发电股份有限公司．电力人身安全风险防控手册［M］．北京：中国电力出版社，2012．

[2] 电网企业安全生产国家标准汇编［M］．北京：中国标准出版社，2015．

[3] 国网浙江省电力公司培训中心．电网企业安全生产基础知识［M］．北京：中国电力出版社，2015．

[4] 本书编委会．电网员工现场作业安全管控：安全风险管理（微信平台）［M］．北京：中国电力出版社，2017．

[5] 国网安徽省电力有限公司．国家电网公司电力安全工作规程（变电部分（试行）释义［M］．北京：中国电力出版社，2020．

[6] 国网浙江省电力有限公司绍兴供电公司．电网企业班组安全生产百问百答配电运检［M］．北京：中国电力出版社，2018．

[7] 许超英，邱野，何朝阳，等．中国南方电网有限责任公司电力安全工作规程［M］．北京：中国电力出版社，2015．

[8] 中国南方电网有限责任公司．安全生产风险管理体系［M］．北京：中国电力出版社，2017．

[9] 佟瑞鹏．生产安全事故报告和调查处理条例宣传教育读本［M］．北京：中国劳动社会保障出版社．

[10] 李运华．安全生产事故隐患排查实用手册．北京：化学工业出版社，2012．

[11] 罗云．安全生产理论 100 则．北京：煤炭工业出版社，2018．